pVz

CHARLES BERLITZ

DAS
ATLANTIS-RÄTSEL

Mit 15 Fotos und 23 Textabbildungen

PAUL ZSOLNAY VERLAG
WIEN · HAMBURG

Berechtigte Übersetzung von
Karin S. Krausskopf

Vom Autor für die deutsche Ausgabe erweiterte Fassung
Alle Rechte vorbehalten
© Paul Zsolnay Verlag Gesellschaft m. b. H., Wien/Hamburg 1976
Originaltitel: The Mystery of Atlantis
Copyright © 1974 by Charles Berlitz. Published by arrangement with
Grosset & Dunlap, Inc. All Rights Reserved
Umschlag und Einband: Werner Sramek
Gesamtherstellung: Wiener Verlag, Wien
Printed in Austria
ISBN 3-552-02812-9

Inhalt

Bilderverzeichnis

Vorwort

Der Vorstoß des Menschen in die Zukunft und in den unbegrenzten Raum hat auch die Horizonte der Vergangenheit erweitert. In zunehmendem Maße interessiert sich der Mensch für seine eigene Vergangenheit, also für die Geschichte der Menschheit. Mit jedem Jahr lassen sich die frühen Zivilisationen jetzt weiter zurückverfolgen. Und durch die neuen Entdeckungen und jüngst erstellten Carbon-14-Daten (mit deren Hilfe sich das Alter gewisser Artefakte bestimmen läßt) hat es den Anschein, als sei der Mensch schon Jahrtausende vor dem bisher angenommenen Zeitpunkt im Besitz einer, wenn auch unterschiedlich hoch entwickelten Kultur gewesen, und das gar nicht immer in den Gebieten, in denen man die Wiege der menschlichen Kultur vermutete, wie in dem Fruchtbaren Halbmond des Mittleren Ostens.

Wo stand dann aber diese Wiege? Breiteten sich die anderen frühen Zivilisationen von einem einzigen Zentrum aus? Gab es eine ältere, weisere Kultur, welche die Kultur der Ägypter, Sumerer, Etrusker sowie diejenige Kretas und der Inseln und Küsten des Mittelmeeres bilden half und sogar die frühamerikanischen Kulturen beeinflußte?

Wenn man diese Frage stellt, ertönt eine leise, aber dadurch nicht weniger suggestive Antwort, ein Name, der das Echo einer unbekannten Vergangenheit zu sein scheint, ein Name, der uns wie über einen nebelverhangenen Ozean erreicht — Atlantis ...

Für viele ist Atlantis der versunkene Kontinent, die Wiege aller menschlichen Zivilisation, ein schönes, glückliches Land, das auf der Höhe seiner Macht von einer Serie von Erdbeben zerstört wurde und jetzt auf dem Meeresgrund liegt und von dem nur noch die Gipfel seiner Berge über die Wasseroberfläche emporragen. Für andere ist Atlantis lediglich eine von Plato erfundene Legende, die er für zwei seiner Dialoge als Hintergrund benutzte, und die nie aufhörte, die Phantasie der Menschen zu beschäftigen. Für andere wiederum ist Atlantis der echte Vorläufer der frühen Kulturen und als solcher in antiken, wenn auch unvollständigen Schriften belegt. Ihnen zufolge lag Atlantis nicht im Atlantik. Jede dieser Theorien hat zahlreiche Anhänger.

Geologen und Ozeanographen sind sich darüber einig, daß einst so etwas wie ein Kontinent im Atlantik existierte, zögern aber, diesen Kontinent in die Ära der bereits zivilisierten Menschheit zu datieren.

Atlantis hat jedoch die Jahrtausende überdauert und ist jetzt aktueller denn je. Es bildet einen Teil unserer Kultur, ob wir nun daran glauben oder nicht. Mehr als fünftausend Werke sind über Atlantis geschrieben worden; es hat die Klassiker inspiriert, den Lauf der Geschichte beeinflußt und sogar zur Entdeckung der Neuen Welt beigetragen.

Jedesmal, wenn eine im Meer versunkene Stadt oder Kultur entdeckt wird — und zu den vielen bereits heute bekannten werden noch viele hinzukommen, und das sowohl durch das allmähliche Ansteigen des Wasserspiegels der Weltmeere wie durch das Absinken von Küstengebieten —, drängte sich das magische Wort »Atlantis...« auf. So wurde Atlantis in den letzten Jahren in der Mittelmeerinsel Thera »entdeckt«, von der im Altertum große Teile durch Erdbeben ins Meer stürzten.

Im Gegensatz dazu prophezeite Edgar Cayce in einer seiner erstaunlichen Voraussagen, daß im Jahr 1968 oder 1969 ein atlantischer Tempel bei Bimini in den Bahamas auftauchen würde. Tatsächlich hat man mehrere Unterwasserbauten in der Nähe dieser Insel gesichtet, die gegenwärtig näher untersucht werden.

Die »Legende« von Atlantis ist, sofern man sie überhaupt als eine solche bezeichnen kann, zumindest sehr langlebig und hartnäckig und erneuert sich stets aus sich selbst wie der Phönix aus der Asche. Indem jede neue Generation von dieser uralten

Menschheitserinnerung erfährt — von dem versunkenen Kontinent oder verlorenen Paradies auf dem Meeresgrund —, werden neue Fragen gestellt und neue Erklärungen und Antworten gefunden. Und das Rüstzeug der modernen Forschung ermöglicht es uns vielleicht gerade jetzt, dieses uralte Rätsel zu lösen und sowohl das Alter der menschlichen Zivilisation zu bestimmen wie auch den Ort, an dem diese ihre erste große Blüte erreichte.

Atlantis — Legende oder historische Tatsache?

Atlantis ist eines der größten und faszinierendsten Rätsel der Menschheit. Unsere Vorfahren haben seit Tausenden von Jahren Mutmaßungen über Atlantis angestellt. Wenn Sie ein Konversationslexikon aufschlagen, lesen Sie, daß Atlantis ein »legendärer« versunkener Kontinent sei und daß Plato ihn im 4. Jh. v. Chr. in seinen Timaios- und Kritias-Dialogen beschrieb. Diese Dialoge befassen sich mit einem Besuch Solons in Ägypten, wo dieser erfuhr, daß die ägyptischen Priester von Saïs schriftliche Berichte besaßen, über »einen Inselkontinent namens Atlantis jenseits der Säulen des Herakles [der damalige Name für die Straße von Gibraltar], das Herz eines großen und wundervollen Reiches«, mit einer blühenden Bevölkerung, Städten mit goldenen Dächern, einer mächtigen Flotte und einer Armee für Eroberungsfeldzüge.

In seiner Beschreibung von Atlantis erwähnt Plato, daß die Insel größer war »als Asien und Libyen zusammen« [wobei Libyen den damals bekannten Teil Afrikas bezeichnet], und man von der Insel »noch nach den anderen Inseln hinüberfahren [kann] und von den Inseln auf das ganze gegenüberliegende Festland, das jenes in Wahrheit so heißende Meer umschließt . . .« Plato beschreibt Atlantis als ein irdisches Paradies, als eine Insel mit gewaltigen Gebirgen und fruchtbaren Ebenen, schiffbaren Flüssen, reichen Bodenschätzen und einer großen und blühenden Bevölkerung. Und dieses mächtige Reich verschwand »im Verlauf eines schlimmen Tages und einer schlimmen Nacht« im Meer.

Plato datiert die Flutkatastrophe auf etwa 9000 Jahre vor

seiner Zeit, was bedeuten würde, daß Atlantis vor ungefähr
11 500 Jahren überflutet wurde. Platos Ausführungen, auf die
wir im 3. Kapitel näher eingehen werden, stießen im Lauf der
Jahrhunderte abwechselnd auf Glauben und Kritik. Ein Teil
seiner Beschreibung wurde 1492 durch die Entdeckung des
»gegenüberliegenden Festlands« zweifellos eindeutig bestätigt.
Es ist durchaus möglich, daß noch andere Punkte von Platos
Bericht sich im Zug der weiteren Erforschung des Meeresbodens
und der Vorgeschichte der Menschheit als ebenso wahr erweisen werden.

Ob nun wahr oder nicht, und was auch immer die tiefere psy-
chologische Bedeutung sein mag: die allgemeine Menschheitserinnerung verlegt die Urheimat oder das irdische Paradies, in
das die Seelen nach dem Tode eingehen, einheitlich in den
Atlantik.

Falls Atlantis tatsächlich existierte, müßten die Völker auf
b e i d e n Seiten des Atlantiks eine Erinnerung daran bewahren,
zumindest aber einige Hinweise in ihren mündlichen oder
schriftlichen Überlieferungen. Wenn man die Namen unter diesem Gesichtspunkt betrachtet, fällt einem eine merkwürdige
Übereinstimmung auf. Die Waliser und Angelsachsen vermuteten einst ihr irdisches Paradies im westlichen Ozean und nannten
es *Avalon*. Die alten Griechen wähnten die Insel *Atlantis* jenseits der Säulen des Herakles. Für die Babylonier lag ihr Paradies — *Aralu* — im westlichen Ozean, während die Ägypter
ihr Seelenreich, das unter anderem die Namen *Aaru* oder *Aalu*
und *Amenti* trug, »weit nach Westen in die Mitte des Ozeans«
verlegten. Die spanischen Kelten und die Basken haben stammes-
geschichtliche Erinnerungen an ihre Urheimat im westlichen
Ozean bewahrt; und die Gallier — besonders jene im Westen
Frankreichs — behaupteten, ihre Vorfahren seien nach einer
furchtbaren Naturkatastrophe, die ihre Heimat vernichtete,
aus der Mitte des westlichen Ozeans gekommen. Die Überlieferungen der alten Volksstämme Nordafrikas sprechen von einem
westlichen Kontinent und von Stämmen, die sich *Atarantes* und
Atlantioi nannten; es gibt ein ausgetrocknetes Meer *Attala* und

nicht zu vergessen das *Atlas*-Gebirge. Wenn wir den Atlantik überqueren, stellen wir fest, daß auf den Kanarischen Inseln (die einer Theorie zufolge nichts anderes sind als die Berggipfel von Atlantis) eine Reihe von uralten Höhlen *Atalaya* heißen: ihre ehemaligen Bewohner sollen noch zur Zeit des römischen Reichs Erinnerungen an das Versinken von Atlantis bewahrt haben. Und die Araber glaubten, daß das Volk *Ad* vor der großen Flut lebte und als Bestrafung für seine Sünden von der Flut vernichtet wurde.

In Nord- und Südamerika finden wir eine Reihe höchst eigenartiger Übereinstimmungen bei der Mehrzahl der Indianerstämme: Ihren Legenden zufolge kamen sie aus dem Osten oder erhielten ihr zivilisatorisches Wissen und Können von Übermenschen, die von einem östlichen Kontinent stammten. Die Azteken bewahrten sogar den Namen ihrer Urheimat — Aztlán, von dem die Bezeichnung Azteken abgeleitet ist. Im Nahuatl, der Sprache der Azteken, bedeutet *atl* »Wasser«, und genau dasselbe Wort hat in der Sprache der Berber Nordafrikas dieselbe Bedeutung. Quetzalqoatl, der Gott der Azteken und anderer mexikanischer Volksstämme, soll ein weißer, bärtiger Mann gewesen sein, der über das Meer bis in das Tal von Mexiko kam und wieder nach Tlapallan zurückkehrte, nachdem er ihnen die Grundlagen der Zivilisation gebracht hatte. Die Quiché-Maya bezeichnen in ihrem heiligen Buch *Popol Vuh* das »östliche Land«, in dem sie einst lebten, als ein wahres Paradies, »in dem Weiße und Schwarze in Frieden zusammenlebten«, bis der Gott Hurakán (Hurrikan) zornig wurde und die Erde überflutete. Als die spanischen Eroberer Venezuela erforschten, stießen sie auf eine Siedlung namens Atlán, in der weiße Indianer (zumindest hielten die Spanier sie dafür) lebten, die sagten, ihre Vorfahren seien einige der wenigen überlebenden Bewohner eines versunkenen Landes gewesen.

Von all diesen linguistischen Übereinstimmungen finden wir die vielleicht bedeutsamste in unserer eigenen Sprache. Atlantik, der Name des Ozeans, in dem wir schwimmen und den wir mit Schiffen befahren und mit Flugzeugen überfliegen, dieser

Name ist möglicherweise ein unmittelbarer Hinweis auf die Legende von den goldenen Städten, die auf dem Meeresgrund ruhen. Die Bezeichnung Atlantik leitet sich selbstverständlich von Atlas ab, dem Riesen der griechischen Mythologie, der den Himmel auf seinen Schultern trägt. Aber war der Atlas-Mythos nicht selbst eine Allegorie der Macht und als solche vielleicht eine der Macht des atlantischen Imperiums? Auf griechisch bedeutet Atlantis »Tochter des Atlas«.

Fast alle Rassen, Völker und Stämme mit schriftlichen oder mündlichen Überlieferungen haben Legenden über eine große Flut und den Untergang einer hochentwickelten Kultur. Manche Forscher vertreten die Ansicht, daß die Ähnlichkeit zwischen unserem biblischen Bericht über die Sintflut und den Flutmythen der Sumerer, Babylonier, Assyrer und Perser sowie der übrigen Mittelmeervölker des Altertums auf die Erinnerung an eine große Flutkatastrophe im Mittleren Osten zurückzuführen sein mag. Würde das jedoch die Flutlegenden der Skandinavier, der Chinesen, der Inder und eines Großteils der Indianerstämme der Neuen Welt sowohl in Nord- wie Südamerika erklären?

Die Legenden von einer großen Flut erzählen immer wieder von Überlebenden, die auf den Ruinen der alten Welt eine neue errichteten. Diese Legenden sind auf der ganzen Erde verbreitet und beziehen sich anscheinend auf ein tatsächlich stattgefundenes Ereignis. Selbstverständlich ist zu bedenken, daß das Wasser nicht wieder hätte zurückweichen können, falls die gesamte Welt überflutet gewesen wäre. Man kann folglich annehmen, daß die große Flut, von der die Überlebenden berichteten, jeweils eine bestimmte lokale Überschwemmung mit gleichzeitigen Regenfällen und klimatischen Störungen war, in deren Verlauf es zumindest den Überlebenden so schien, als stünde die ganze Welt unter Wasser. Diese Erinnerung an eine globale Flutkatastrophe und die allgemeine Menschheitserinnerung an ein irdisches Paradies, das man sich meistens auf einer schönen, fruchtbaren Insel mitten im Atlantischen Ozean vorstellte, sowie die vielen Hinweise klassischer Autoren auf eine derartige Insel haben die Menschen zu allen Zeiten fasziniert.

Die Gegner der Atlantis-Theorie halten dem entgegen, daß uns aus der Antike mehr Hinweise auf Atlantis überkommen sein müßten, als wir besitzen (wir werden sie später näher untersuchen). Wenn man allerdings Umfang und Beschaffenheit der antiken Schriften berücksichtigt sowie die Möglichkeit, daß ständig neue gefunden werden können, muß man sich eigentlich wundern, daß wir überhaupt so viele Hinweise besitzen. Wir wissen sogar, daß einige alte Berichte über Atlantis verlorengingen, da sich mehrere dieser Hinweise auf seitdem verschwundene ausführlichere Berichte beziehen. Abgesehen von der allgemeinen Vernichtung griechischer und römischer Manuskripte während der Barbareneinfälle wurde ein großer Teil der klassischen Literatur systematisch vernichtet, und das manchmal durch das Volk selbst, dessen geistiges Erbe sie war. So befahl zum Beispiel Papst Gregor, die klassische Literatur zu vernichten, »damit sie nicht die Gläubigen von der Kontemplation des Himmels abhalte«. Amru, der muselmanische Eroberer von Alexandria, einer Stadt, welche die umfangreichste Bibliothek des Altertums besaß — über eine Million Werke insgesamt —, benutzte die klassischen Schriftrollen als Halbjahrs-Brennstoffvorrat für die Heizung der viertausend öffentlichen Bäder der Stadt. Er begründete das folgendermaßen: Falls die alten Schriften Wissen enthielten, das im Koran stünde, seien sie überflüssig, und falls sie etwas enthielten, was nicht im Koran stünde, so sei dieses Wissen für wahre Gläubige nicht von Nutzen. Niemand weiß, welche Hinweise auf Atlantis vielleicht damals in den Badeheizöfen der arabischen Eroberer verschwanden, war Alexandria doch sowohl ein wissenschaftliches wie auch literarisches Zentrum des Altertums. Die spanischen Eroberer setzten diese Zerstörung alter Unterlagen fort, als Bischof Landa die gesamten Aufzeichnungen der Mayas, die er in Yucatán fand, vernichtete, mit Ausnahme von etwa sechs, die sich jetzt in europäischen Museen befinden. Die Mayas hätten uns durch ihre noch lebendige Rückerinnerung an ihre Herkunft und ihre erstaunlichen wissenschaftlichen Kenntnisse wertvolle Auskünfte über den versunkenen Kontinent geben können —

und werden es vielleicht noch durch neue, bisher unentdeckte Funde tun.

Wenn auch die alten Schriften verlorengegangen oder vernichtet worden sind, so fehlt es doch nicht an modernen Studien über Atlantis. Über fünftausend Bücher und Broschüren sind in allen führenden Weltsprachen veröffentlicht worden, die meisten davon während der letzten hundertfünfzig Jahre. Allein die Zahl der diesem Thema gewidmeten Bücher beweist die Faszination, die das Geheimnis von Atlantis auf die Phantasie der Menschen ausübt. Als eine Gruppe von englischen Zeitungsleuten einmal über die aufsehenerregendste Nachrichtenmeldung abstimmte, die sie sich vorstellen konnte, lag das Wiederauftauchen von Atlantis mehrere Plätze vor der Wiederkunft Christi.

Von den Tausenden Büchern, die in den vergangenen fünfzehnhundert Jahren geschrieben wurden, verdient ein Absatz aus einem Werk von Ignatius Donnelly (*Atlantis — Myths of the Antedeluvian World*, dt.: *Atlantis, die vorsintflutliche Welt*, 1882) angeführt zu werden, da er in seiner komprimierten Form typisch ist für die feste Überzeugung so vieler Menschen, daß es tatsächlich einst jenen atlantischen Kontinent gab, die Wiege der menschlichen Kultur und Zivilisation. Donnelly stellt zu Beginn seines Buches dreizehn Behauptungen auf, die durch ihre Kühnheit, ihre Originalität und vor allem durch ihren Tenor fester Gewißheit auch heute noch bemerkenswert sind.

Donnelly behauptet:

1. Daß es einst im Atlantischen Ozean gegenüber der Mittelmeermündung eine große Insel gab, die der Überrest eines atlantischen Kontinents und im Altertum als Atlantis bekannt war.

2. Daß Platos Beschreibung dieser Insel nicht, wie lange Zeit angenommen wurde, eine Fabel, sondern ein auf historischen Tatsachen beruhender Bericht ist.

3. Daß Atlantis jenes Gebiet der Erde war, in dem die Menschheit zuerst das Stadium der Barbarei überwand und die ersten Stufen der Zivilisation erklomm.

4. Daß Atlantis im Lauf der Zeitalter ein blühender und

mächtiger Staat wurde, durch dessen Ausbreitung die Küsten des Golfs von Mexiko, die Ufer des Mississippi und des Amazonas, die Pazifikküste Südamerikas, das Mittelmeer, die Westküste Europas und Afrikas, die Ostsee sowie das Schwarze und das Kaspische Meer mit Kulturvölkern besiedelt wurden.

5. Daß Atlantis die wahre vorsintflutliche Welt war, der Garten Eden, die Gärten der Hesperiden, die Insel der Seligen, die Gärten des Alkinoos, der Olymp, das Asgard der Germanen ... und eine universelle Erinnerung an ein herrliches Land hinterließ, in dem die Menschheit im Frühstadium ihrer Geschichte lange Zeitalter hindurch in Glück und Frieden lebte.

6. Daß die Götter und Göttinnen der alten Griechen, der Phönizier, der Hindus und der Germanen nichts anderes waren als die Könige, Königinnen und Helden von Atlantis, und die ihnen in der Mythologie zugeschriebenen Taten eine verschwommene Erinnerung an historische Ereignisse sind.

7. Daß die Mythologie der alten Ägypter und Inkas die ursprüngliche Religion von Atlantis darstellte, die ein Sonnenkult war.

8. Daß die älteste von den Atlantiden gegründete Kolonie wahrscheinlich Ägypten war, dessen Kultur und Zivilisation genau denen der atlantischen Insel entsprachen.

9. Daß die Werkzeuge und Geräte der Bronzezeit eine Errungenschaft von Atlantis waren und die Atlantiden ebenfalls als erste Eisen herstellten.

10. Daß das phönizische Alphabet, Urform aller europäischen Alphabete, auf ein atlantisches Alphabet zurückging.

11. Daß Atlantis die Urheimat der arischen oder indogermanischen Völkerfamilie sowie der semitischen und möglicherweise auch der turanischen Volksstämme war.

12. Daß Atlantis durch eine furchtbare Naturkatastrophe vernichtet wurde, bei der die gesamte Insel mit fast all ihren Bewohnern im Meer versank.

13. Daß einige wenige in Schiffen und auf Flößen entka-

men und den Völkern im Osten und Westen Kunde von der grauenhaften Katastrophe brachten, die in den Flut- und Sintflutlegenden der verschiedenen Völker der Alten und Neuen Welt bis zum heutigen Tag lebendig geblieben ist.

Donnellys Buch und Tausende darauf folgende Veröffentlichungen lösten eine Atlantis-Bewegung aus, die mit unterschiedlicher Intensität bis heute angedauert hat. Schriftsteller und Forscher haben begonnen, die noch vorhandenen antiken Texte zu diesem Thema einer erneuten Prüfung zu unterziehen und die klassische Mythologie, die alten Legenden und Mythen der Ureinwohner und Eingeborenen sorgfältig zu studieren, ebenso alle Hinweise, die zu diesem Thema zu finden sind, und zwar auf so verschiedenen Gebieten wie der Biologie, der Anthropologie, der Geologie, der Botanik, Linguistik und Seismologie. Das zu untersuchende Material ist sehr umfangreich, und die Resultate hängen weitgehend von der Art der Auslegung ab.

Die ersten fünf dieser wissenschaftlichen Disziplinen liefern bei entsprechender Auslegung eine ungeheure Fülle von Hinweisen darauf, daß es einst eine Landbrücke zwischen der Alten und der Neuen Welt gab. Zu Anfang mag es eine Landverbindung gewesen sein und später ein großer Kontinent, der schließlich in eine Reihe von Inseln auseinanderbrach. Dies würde nicht nur die erstaunlichen Parallelen zwischen den Hinweisen erklären, die durch diese wissenschaftlichen Disziplinen gewonnen wurden, sondern auch die Parallelen zwischen dem kulturellen Erbe und den Mythen der verschiedenen Völker. Wie die Seismologie bewiesen hat, ist der Atlantik eines der unstabilsten Gebiete der Erdkruste. Er unterliegt entlang dem gesamten Nördlichen Atlantischen Rücken, der sich auf dem Meeresgrund von Nordbrasilien bis nach Island hinzieht und dessen Aufwölbungen auch heute noch eine Hebung oder Senkung der Landmassen verursachen können, immer wieder geologischen Veränderungen.

Neue Forschungsmethoden und Techniken zur Datierung archäologischer Funde, revolutionäre Schlußfolgerungen über

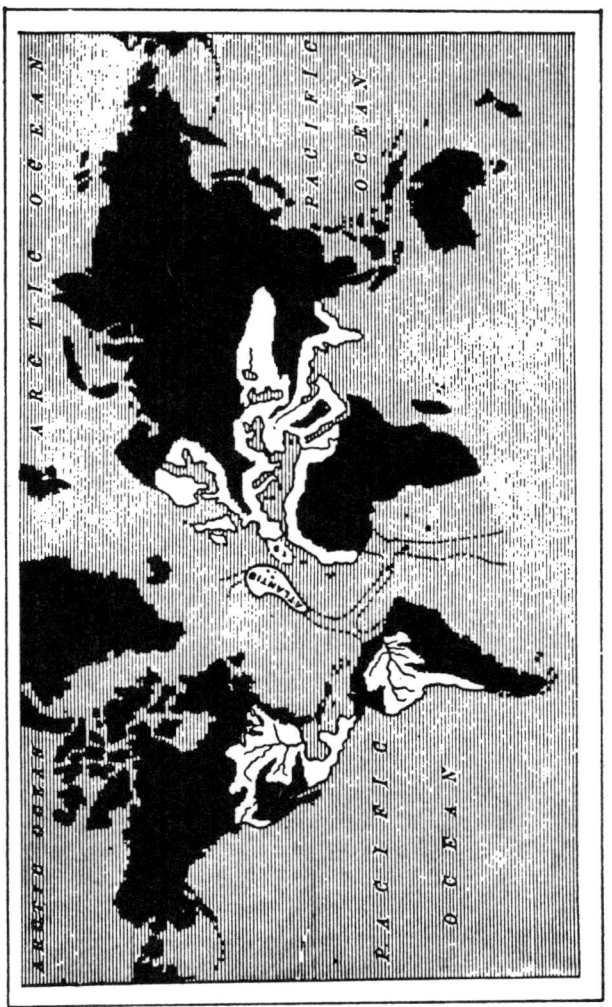

Die atlantische »koloniale« Ausbreitung über die Welt, wie Donnelly sie sich vorstellte.

das Alter der menschlichen Zivilisation und vor allem die zunehmende Erforschung des Meeresbodens — sowohl in bezug auf Flächenausdehnung wie auch auf Tiefe — haben den Atlantis-Forschern ein weites Feld für neue Entdeckungen erschlossen.

2

Atlantis macht wieder Schlagzeilen

Innerhalb der letzten Jahre wurde Atlantis zweimal »wieder-entdeckt«, und zwar im Mittelmeer und im Gebiet der Bahamas, wo bei Bimini ein atlantischer Tempel an die Wasseroberfläche emporzusteigen scheint. Dieser Unterwasserbau wurde von der Presse als atlantischer Tempel bezeichnet, denn es gibt eine ver-blüffende Übereinstimmung mit einer Prophezeiung von Edgar Cayce, der 1940 voraussagte, daß 1968 oder 1969 bei Bimini ein atlantischer Tempel aus dem Wasser auftauchen würde.

Edgar Cayce, Trance-Medium und PSI-Forscher, lebte in Virginia Beach, Virginia, und gab in den Jahren zwischen 1923 und 1944 im Trancezustand zahlreiche Aussagen über Atlantis, das einstige Leben in Atlantis und die erfolgten allgemeinen Landveränderungen ab. Diese Aussagen stellen trotz ihres Um-fanges nur einen kleinen Teil seiner vielseitigen, medial erlang-ten Erkenntnisse und Prophezeiungen dar, die die Gründung einer Edgar-Cayce-Stiftung sowie einer Cayce-Gesellschaft zur Folge hatten.

Bei seiner Beschreibung von Atlantis sagte er aus, daß ein Teil des versunkenen Kontinents in der Nähe der Bahamas unter den Wassermassen des Ozeans begraben liege und daß insbesondere die Bahamas selbst die Berggipfel der versunkenen Insel Posei-dia seien, die das »westliche Gebiet von Atlantis« darstellte. 1940 nannte Cayce den Zeitpunkt — 1968 oder 1969 — für das Wiederauftauchen eines Teiles von Atlantis, und zwar je-nes bei Bimini. Er sagte: »Poseidia wird unter den ersten Tei-len von Atlantis sein, die wiederauftauchen. Vermutlich 1968 und 1969. Also recht bald!«

Durch einen seltsamen Zufall scheinen nun mehrere unterseeische Bauten bei Bimini — und auch an der Nordspitze von Andros — an die Wasseroberfläche emporzusteigen. Was diese Bauten darstellen und aus welcher Zeit sie stammen, steht noch nicht
fest. Das Verblüffendste ist jedoch, daß diese geheimnisvollen
Unterwasserbauten genau an dem Ort und zu dem Zeitpunkt
aufgetaucht sind, wie Cayce es 1940 voraussagte.

Die unterseeischen Bauten wurden aus der Luft von zwei Linienpiloten gesichtet und fotografiert, von denen der eine, ein
Mitglied der *Cayce Foundation,* auf seinen Flügen systematisch
nach ihnen Ausschau hielt, da er natürlich von dieser Prophezeiung wußte. In diesem Zusammenhang ist es interessant,
festzustellen, daß das Flugzeug seit vielen Jahren ein äußerst
nützliches Hilfsmittel für die Archäologen ist, da es bei entsprechend klarer Sicht und ruhigem Wasser die Möglichkeit
bietet, zahlreiche unterseeische Hafenanlagen, Befestigungen und
Städte aus der Luft zu entdecken und zu fotografieren.

Südlich des Punktes, an dem diese Bauten entdeckt wurden,
erstreckt sich ein langer Graben von etwa sechstausend Meter
Wassertiefe, die sogenannte *Tongue of Ocean.* Diese Tatsache
stimmt mit Cayces Aussagen überein, nach denen die früheren
Gebiete von Atlantis vor Bimini den höchsten Punkt eines versunkenen Kontinents bildeten. Wie die ersten Unterwasseruntersuchungen ergeben haben, stehen die Bauten auf Urgestein.
Die Mauern sind mit einer so dicken Sandschicht bedeckt, daß
sie unter Wasser nur schwer, aus der Luft hingegen leicht zu
erkennen sind: Die rechteckigen Grundrisse der Anlagen zeichnen
sich aus dieser Sicht deutlich ab. Da die Bauten jetzt so dicht unter der Wasseroberfläche liegen, mußten sie durch Sicherheits-
vorkehrungen vor Schatzsuchern geschützt werden, die weniger
das Alter der Bauten als die Möglichkeit zu Plünderungen interessiert.

Inzwischen hat man weitere Unterwasserruinen in der Nähe
anderer karibischer Inseln entdeckt, so zum Beispiel Bauten vor
der Küste von Haïti, die offenbar eine ganze versunkene Stadt
bilden, ferner eine Anlage auf dem Boden eines Sees. 1968 fand

man nördlich von Bimini in einer Wassertiefe von mehreren Faden eine Art unterseeische Straße oder Reihe von Plätzen oder auch Fundamenten. Diese zahlreichen Entdeckungen lassen vermuten, daß der Kontinentalsockel des Atlantiks und der Karibik einst trockenes Land war, das zu einem Zeitpunkt versank oder überflutet wurde, als seine Bewohner bereits eine Kultur hatten.

Die vor Bimini und Andros aus den Wassertiefen auftauchenden Anlagen werden gegenwärtig näher untersucht, um festzustellen, ob sie zum Kulturkreis der Mayas gehören oder aber zu dem, wie von Cayce behauptet, noch früheren atlantischen. Sollten sie sich als Bauten der Mayas erweisen, würde auch das noch keineswegs die atlantische Theorie widerlegen, da viele Forscher, falls sie in den Mayas nicht die direkten Nachkommen der Überlebenden der Atlantiskatastrophe erblicken, so doch zumindest überzeugt sind, daß dieses Volk seine verhältnismäßig hohe Kulturstufe den Atlantiden verdankte, von denen es diese in einer Art vorgeschichtlicher »Hilfsaktion für unterentwickelte Länder« erhielt.

Eine Forschungsexpedition zu der Insel Thera in der Ägäis, nördlich von Kreta, hat die Theorie in den Mittelpunkt des Interesses gerückt, nach der die teilweise Zerstörung dieser Insel, die offenbar um 1500 v. Chr. auseinanderbrach, was die Überflutung eines großen Landgebietes zur Folge hatte, die Katastrophe war, welche Platos Bericht von der Vernichtung eines Kontinents zugrunde liegt. Wie wir wissen, traf etwa um die gleiche Zeit ein mysteriöses Unglück das hochentwickelte Kreta.

Dieses kretische Reich war kulturell und zivilisatorisch viel weiter fortgeschritten als die darauffolgenden; es gab Wasserleitungen und erstaunlich moderne Badeeinrichtungen, gefärbte Glasbecher, glasiertes Eßgeschirr und eine Mode von ebenso raffinierter wie offenherziger Eleganz.

In alten Zeiten hieß Thera auch Stronghyli, was »die Rotunde« bedeutet, also einen Kuppelrundbau; nachdem der nordwestliche Teil der Insel durch jenen vulkanischen Ausbruch abgesprengt wurde und im Meer versank, blieb nur ein halbmondförmiger Überrest der Insel zurück. Diese Explosion und die damit verbundenen Erdbeben sowie die von den seismischen Störungen verursachten Flutwellen waren möglicherweise einer der Gründe für den Niedergang des kretischen Imperiums und die schließliche Eroberung durch die Achäer.

Zahlreiche Vulkanausbrüche im Mittelmeer schließen jedoch nicht aus, daß jenseits der Säulen des Herakles ein noch viel verheerenderer Ausbruch als der von Plato berichtete stattfand. Sobald auf dem Meeresgrund Überreste archaischer Kulturen entdeckt werden — und durch neue Techniken der Unterwasserforschung wird man ständig neue finden —, taucht interessanterweise unweigerlich die Frage auf: »Ist dies das legendäre versunkene Atlantis?« Denn Atlantis, die älteste Kultur und Zivilisation oder Legende der Welt — je nach dem jeweiligen Standpunkt des Betrachters — hat niemals aufgehört, das Denken der Menschen zu beschäftigen, wie die Tausenden von Büchern und Abhandlungen beweisen, die über ein Thema geschrieben wurden, dessen historische Grundlage erst noch bewiesen werden muß. Und trotzdem ist diese Legende oder uralte Menschheitserinnerung heute so aktuell wie eh und je!

Es ist fast, als hoffe der moderne Mensch, durch die heute zur Verfügung stehenden verbesserten archäologischen Forschungsmethoden einen Überblick über seine eigene unbekannte Vergangenheit zu erhalten, und erwarte von der Wissenschaft, daß sie die in der Familiengeschichte der Menschheit klaffende Lücken schließe.

Sogar während der Drucklegung dieses Buches sind wieder einige zusätzliche Abhandlungen über Atlantis oder die Thera-Erklärung von Atlantis erschienen sowie Neuauflagen von Werken, die vor vielen Jahren geschrieben, aber immer noch gültig und informativ sind. Das neuerwachte Interesse der Öffentlichkeit an Atlantis spiegelt auch ein Song von Donovan wider, der den Rückgriff auf das Wissen unserer fernen Vergangenheit und das Goldene Zeitalter der Menschheit zum Thema hat.

3

Rätselhaftes Atlantis

Atlantis ist das größte Rätsel der Menschheitsgeschichte. Die ausführlichste Beschreibung in den uns bekannten antiken Schriften über Atlantis findet sich in Platos Timaios- und Kritias-Dialogen, die einen Bericht über eine Reihe von Ereignissen darstellen, die Solon von Athen von ägyptischen Priestern in Saïs erfuhr und die als solche höchst geheimnisvoll sind. Schrieb Plato diese Dialoge, um seine Vorstellung von einem idealen Staat zu veranschaulichen oder aber als proathenische Propaganda? Die Beschreibungen von Atlantis sind auf jeden Fall sehr detailliert und die vollständigsten, die wir aus antiken Schriften besitzen — es sei denn, die ägyptischen Aufzeichnungen, falls solche überhaupt noch irgendwo existieren, werden eines Tages entdeckt. Im übrigen neigte Plato nicht zum Fabulieren, sondern war einer der großen Philosophen aller Zeiten und betont mehrmals ausdrücklich, daß diese Dialoge nicht Dichtung, sondern Tatsachenberichte seien. Plato berichtet als erstes im *Timaios*-Dialog von Atlantis:

Kritias: So vernimm denn, Sokrates, eine zwar recht merkwürdige, aber durchaus wahre Geschichte, wie sie einst Solon, der Weiseste von den Sieben, erzählt hat ... Meinem Großvater Kritias erzählte er gelegentlich einmal — und der hat es als alter Mann mir wieder mitgeteilt —, es gebe viele in alter Zeit von unserem Staat vollbrachte bewundernswerte Taten, die durch die lange Zeit und den Tod der Menschen in Vergessenheit geraten wären; eine aber sei von allen die größte, deren Andenken will ich jetzt erneuern ...

Sokrates: Gut so. Aber was für eine Tat ist denn das, die dir dein Großvater, obschon sie nicht überliefert ist, dennoch als eine wirklich von dieser Stadt vor alten Zeiten vollbrachte nach dem Bericht des Solon mitteilte?

Kritias: Ich will diese alte Geschichte erzählen, die ich von einem alten Mann gehört habe. Kritias war damals nach seiner eigenen Angabe beinahe neunzig Jahre alt, ich ungefähr zehn; es war gerade der Knabentag des Apaturienfestes und wurde auf die übliche Weise begangen, indem die Väter uns Knaben Preise für den besten Vortrag von Gedichten aussetzten. Außer manch anderm Gedicht trugen viele von uns Knaben Gedichte des Solon vor, die ja damals noch etwas Neues waren. Dabei bemerkte einer aus unserer Phratrie — ob er nun wirklich so dachte, oder ob er dem Kritias etwas Schönes sagen wollte — Solon scheine ihm die größte Weisheit, aber auch den höchsten Adel unter allen Dichtern zu besitzen. Der Greis — ich seh' ihn noch vor mir — freute sich sehr und erwiderte lächelnd: Ja, mein lieber Amynandros, gewiß wäre er mindestens so berühmt geworden wie Homer, Hesiod oder sonst ein Dichter, hätte er nur die Dichtkunst nicht bloß so nebenher betrieben, sondern, wie andere, ihr seinen ganzen Fleiß widmen können! Und wenn er erst die Erzählung, die er aus Ägypten mit hierhergebracht hat, vollendet hätte! Aber die mußte er liegenlassen wegen der inneren Unruhen und aller andern Schäden, die er bei seiner Rückkehr vorfand. Was war denn das für eine Geschichte? fragte jener. Die Geschichte der größten und mit vollem Recht berühmtesten Tat unter allen, die unsere Stadt vollbracht hat; aber wegen der langen Zeit und des Todes ihrer Vollbringer hat sich ihre Überlieferung nicht bis auf uns erhalten. Erzähle mir von Anfang an, erwiderte der andere, was und wie und von wem Solon hierüber Beglaubigtes gehört und berichtet hat. Es gibt in Ägypten, begann Kritias, in dem Delta, um dessen Spitze herum der Nil sich spaltet, einen Gau; man nennt ihn den saïtischen, und die größte Stadt dieses Gaues ist Saïs, der Geburtsort des Königs Amasis. Die Einwohner der Stadt halten eine Gottheit für ihre Gründerin, die im Ägyptischen Neith, im

Griechischen, wie sie angeben, Athene heißt; sie seien daher große Freunde der Athener und gewissermaßen stammverwandt mit ihnen. Solon wurde deshalb, als er zu ihnen kam, mit Ehren überhäuft, und als er Erkundigungen über die Vorzeit bei den hierin besonders erfahrenen Priestern einzog, fand er, daß niemand in Hellas auch nur eine Ahnung von diesen Dingen hatte. Einmal wollte er sie nun zu einer Mitteilung über die Urzeit veranlassen und begann ihnen die ältesten Geschichten aus Hellas zu erzählen, von Phoroneus, dem angeblich ersten Menschen, von Niobe und wie nach der Sintflut Deukalion und Pyrrha übrigblieben; er zählte das Geschlechtsregister ihrer Abkömmlinge auf und machte den Versuch, mittels der Jahre, die auf jedes einzelne, das er erwähnte, kamen, die Zeiten zu berechnen. Da rief einer der Priester, ein sehr betagter Mann: »Solon, Solon, ihr Hellenen seid und bleibt Kinder, und einen alten Hellenen gibt es nicht!« Wieso, wie verstehst du das? fragte Solon. »Jung seid ihr alle an Geist«, erwiderte der Priester, »denn in euren Köpfen ist keine Anschauung aus alter Überlieferung und kein mit der Zeit ergrautes Wissen. Daran ist folgendes schuld. Oft und auf vielerlei Arten sind die Menschen zugrunde gegangen und werden sie zugrunde gehen, am häufigsten durch Feuer und Wasser, doch auch durch tausenderlei andere Ursachen. Denn was man auch bei euch erzählt von Phaëton, dem Sohn des Helios, wie er einst seines Vaters Wagen bestieg und, da er es nicht verstand, seines Vaters Weg einzuhalten, alles auf Erden verbrannte und selbst vom Blitz getötet wurde — das klingt ja wohl wie eine Fabel, aber der wahre Kern daran ist die veränderte Bewegung der die Erde umkreisenden Himmelskörper und die periodische Vernichtung alles Irdischen durch ein großes Feuer. Unter ihr haben dann die Bewohner der Gebirge und hochgelegenen, wasserarmen Gegenden stärker zu leiden als die Anwohner der Flüsse und des Meeres; uns aber rettet der Nil, unser Retter in jeder Not, auch aus dieser Verlegenheit. Überschwemmen aber die Götter die Erde mit Wasser, um sie zu reinigen, dann bleiben die Bergbewohner, die Rinder- und Schafhirten am Leben, wer aber bei euch in den Städten wohnt, wird von den Flüssen ins Meer geschwemmt, in unserm Lande dagegen strömt weder dann noch sonstwann das Wasser vom Himmel auf die Flut herab; es ist vielmehr so eingerichtet, daß alles von unten herauf über sie emporsteigt. Aus diesen Ursachen bleibt bei uns alles erhalten und gilt für das Älteste. In Wahrheit gibt es in allen Gegenden, wo nicht übermäßige Kälte oder Hitze es hindert, immer ein bald mehr, bald minder zahlreiches Menschengeschlecht. Was bei euch oder bei uns oder sonstwo, soweit wir davon Kunde haben, geschieht, liegt, sofern es trefflich, groß oder irgendwie bedeutend ist, insgesamt von der ältesten Zeit an in unsern Tempeln aufgezeichnet und bleibt so erhalten. Bei euch aber und den übrigen Staaten ist die Schrift und das ganze staatliche Leben immer gerade erst zu einiger Entwicklung gediehen, wenn schon wieder nach dem Ablauf der gewöhnlichen Frist wie eine neue Krankheit die Regenflut des Himmels über euch hereinbricht und nur die der Schrift Unkundigen und Ungebildeten am Leben läßt; dann werdet ihr immer gleichsam von neuem wieder jung und wißt nichts von unserer oder eurer alten Geschichte. Wenigstens eure Geschlechterverzeichnisse, lieber Solon, wie du sie eben vortrugst, unterscheiden sich kaum von Kindermärchen. Ihr wißt nur von einer Überschwemmung, während doch so viele vorhergegangen sind; und ihr wißt nicht, daß das herrlichste und beste Geschlecht der Menschen in eurem Lande gelebt hat, von denen du und alle Bürger eures jetzigen Staates abstammen, indem ein kleiner Stamm von ihnen übrigblieb; dies alles blieb euch fremd, denn eure Vorfahren lebten viele Geschlechter hindurch ohne die Sprache der Schrift. Einst, vor der größten Zerstörung durch Wasser, war der Staat, der jetzt der athenische heißt, der kriegstüchtigste und besaß eine in jeder Hinsicht vorzügliche Verfassung; ihm werden die herrlichsten Taten und besten Staatseinrichtungen von allen uns bekannten unter der Sonne zugeschrieben.« Solon äußerte hierüber sein Erstaunen und bat die Priester dringend, ihm die ganze Urgeschichte seines Staates in genauer Reihenfolge zu erzählen. Der Priester begann: »Nichts sei dir vorenthalten, Solon, und ich will dir alles berichten, dir zuliebe, deinem Staate zuliebe, vor allem aber der Göttin zuliebe, die euren und unsern Staat zum Eigentum erhielt, erzog und bildete, euern eintausend Jahre früher aus dem Samen, den sie dazu von der Erdgöttin Ge und dem Feuergott Hephaistos empfangen hatte, und später ebenso unsern Staat. Nach unsern heiligen Büchern besteht die Einrichtung unsers Staates seit achttausend Jahren. Eure Mitbürger entstanden also vor neuntausend Jahren, und ich will dir nun kurz von ihrer Staatsverfassung und der herrlichsten ihrer Taten berichten. Genauer wollen wir dies alles ein andermal mit Muße an der Hand der Schriften miteinander besprechen. Von ihrer Verfassung kannst du dir eine Vorstellung nach der hiesigen machen. Denn du kannst viele Proben eurer damaligen Einrichtungen in unsern jetzigen wiederfinden: eine von allen andern gesonderte Priesterkaste, dann die Kaste der Handwerker, deren einzelne Klassen aber für sich und nicht mit den andern arbeiten, und die Hirten, Jäger und Bauern; endlich wird dir nicht entgangen sein, daß die Kriegerkaste hierzulande von allen andern getrennt ist und daß nach dem Gesetze ihre einzige Tätigkeit in der Sorge für das Kriegswesen besteht. Ihre Waffen waren der Speer und der Schild, die wir zuerst von den Völkern Asiens so einführten, was die Göttin uns, wie in euerm Lande zuerst euch, gelehrt hatte. Du siehst wohl ferner, welche Sorgfalt unsere Gesetzgebung schon in ihren Grundlagen auf die Geistesbildung verwandt hat: aus allen Wissenschaften, die es mit dem Kosmos zu tun haben, bis zur Mantik und Gesundheitslehre, den göttlichen Künsten, hat sie, was sich zum Gebrauch der Menschen eignet, herausgesucht und sich diese Wissenschaften sowie alle mit ihnen zusammenhängenden angeeignet. Nach dieser ganzen Anordnung und Einrichtung gründete die Göttin zuerst euern Staat, indem sie den Ort eurer Geburt mit Rücksicht darauf erwählte, daß die dort herrschende glückliche Mischung der Jahreszeiten am besten dazu geeignet sei, verständige Männer zu erzeugen; da die Göttin den Krieg und die Weisheit zugleich liebt, wählte sie den Ort aus, der wohl die ihr ähnlichsten Männer erzeugen würde, und besiedelte ihn zuerst. So habt ihr denn dort gewohnt unter einer derartigen Staatsverfassung und manch andern guten Einrichtungen, allen übrigen Menschen voraus in jeder Tüchtigkeit, wie das von Nachkommen und Schülern der Götter nicht anders zu erwarten ist. Unter allen Großtaten eures Staates, die wir bewundernd in unsern Schriften lesen, ragt aber eine durch Größe und Heldenmut hervor: unsere Schriften berichten von der gewaltigen Kriegsmacht, die einst durch euern Staat ein Ende fand, als sie voll Übermut gegen ganz Europa und Asien vom Atlantischen Meere her zu Felde zog. Denn damals konnte man das Meer dort noch befahren, es lag nämlich vor der Mündung, die bei euch ›Säulen des Herakles‹ heißt, eine Insel, größer als Asien und Libyen zusammen, und von ihr konnte man damals noch nach den andern Inseln hinüberfahren und von den Inseln auf das ganze gegenüberliegende Festland, das jenes in Wahrheit so heißende Meer umschließt. Erscheint doch alles, was innerhalb der genannten Mündung liegt, nur wie eine Bucht mit engem Eingang; jener Ozean aber heißt durchaus mit Recht also und das Land an seinen Ufern mit dem gleichen Recht ein Festland. Auf dieser Insel Atlantis bestand eine große und bewundernswerte Königsgewalt, die der ganzen Insel, aber auch vielen anderen Inseln und Teilen des Festlandes gebot; außerdem reichte ihre Macht über Libyen bis nach Ägypten und in Europa bis nach Tyrrhenien. Dieses Reich machte einmal den Versuch, mit geeinter Heeresmacht unser und euer Land, überhaupt das ganze Gebiet innerhalb der Mündung mit einem Schlag zu unterwerfen. Da zeigte sich nun die Macht eures Staates in ihrer ganzen Herrlichkeit und Stärke vor allen Menschen: allen andern an Heldenmut und Kriegslist voraus, führte er zuerst die Hellenen, sah sich aber später durch den Abfall der andern genötigt, auf die eigene Kraft zu bauen, und trotz der äußersten Gefahr überwand er schließlich den herandrängenden Feind und errichtete Siegeszeichen; so verhinderte er die Unterwerfung der noch nicht Geknechteten und ward zum edlen Befreier an uns innerhalb der Tore des Herakles. Später entstanden gewaltige Erdbeben und Überschwemmungen, und im Verlauf eines schlimmen Tags und einer schlimmen Nacht versank euer ganzes streitbares Geschlecht scharenweise unter die Erde, und ebenso verschwand die Insel Atlantis im Meer. Darum kann man auch das Meer dort jetzt nicht mehr befahren und durchforschen, weil hochaufgehäufte Massen von Schlamm, die durch den Untergang der Insel entstanden sind, es unmöglich machen.«

Die folgenden Auszüge stammen aus dem zweiten, dem sogenannten *Kritias*-Dialog, der sich auf Atlantis bezieht.

Kritias: Vor allem wollen wir uns zunächst ins Gedächtnis zurückrufen, daß im ganzen neuntausend Jahre vergangen sind, seitdem, wie erzählt wurde, jener Krieg zwischen den Menschen außerhalb der Säulen des Herakles und allen denen, die innerhalb derselben wohnten, stattfand, von dem ich jetzt genau berichten werde. Über die einen soll unser Staat geherrscht und den ganzen Krieg zu Ende geführt haben, über die anderen die Könige der Insel Atlantis. Diese Insel war, wie bemerkt, einst größer als Asien und Libyen zusammen, ist aber durch Erdbeben untergegangen und hat dabei eine undurchdringliche schlammige Untiefe hinterlassen, die jeden, der die Fahrt in das jenseitige Meer unternehmen will, am weiteren Vordringen hindert. Von den vielen übrigen barbarischen Stämmen und allen den hellenischen Volksstämmen, die es damals gab, wird der Lauf unserer Erzählung, wie es gerade die Gelegenheit mit sich bringt, berichten. Zunächst jedoch müssen wir die Heeresmacht und die Staatsverfassung der damaligen Athener und ihrer Gegner, mit denen sie Krieg führten, besprechen. Unter ihnen gebührt der Schilderung der einheimischen Zustände der Vorrang ...

Da nun in den neuntausend Jahren, die seit jener Zeit bis jetzt verstrichen sind, viele gewaltige Überschwemmungen stattgefunden haben, so hat sich die Erde, die in dieser Zeit und bei solchen Ereignissen von den Höhen herabgeschwemmt wurde, nicht, wie in anderen Gegenden, hoch aufgedämmt, sondern wurde jeweils ringsherum fortgeschwemmt und verschwand in der Tiefe. So sind nun, wie das bei kleinen Inseln vorkommt,

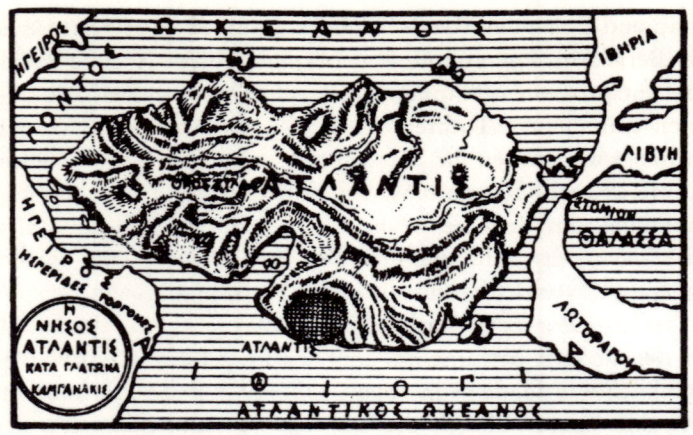

Die von P. Kampanakis, einem griechischen Forscher, Schriftsteller und Anhänger der atlantischen Tradition Platos, erstellte mutmaßliche Karte von Atlantis. Spanien liegt in der oberen rechten Ecke, Europa ist mit Afrika verbunden, und die Sahara ist als Meer mit einem Zugang zum Ozean dargestellt.

verglichen mit dem damaligen Land, gleichsam nur noch die Knochen des erkrankten Körpers zurückgeblieben, da der fette und lockere Boden fortgeschwemmt wurde und nur das magere Gerippe des Landes zurückließ ...

Diese Aufzeichnungen befanden sich denn auch bei meinem Großvater und befinden sich jetzt noch bei mir, und ich habe sie schon als Knabe genau durchforscht ...

Doch nun zu unserer langen Erzählung, deren Anfang etwa folgendermaßen lautete. Wir haben schon oben berichtet, daß die Götter die ganze Erde untereinander teils in größere, teils in kleinere Lose verteilten und sich selbst ihre Heiligtümer und Opferstätten gründeten: so fiel dem Poseidon die Insel Atlantis zu, und er siedelte seine Nachkommen, die er mit einem sterblichen Weib erzeugt hatte, auf einem Ort der Insel von folgender Beschaffenheit an.

An der Küste des Meeres gegen die Mitte der ganzen Insel lag eine Ebene, die von allen die schönste und fruchtbarste gewesen sein soll; am Rande dieser Ebene befand sich, etwa dreißigtausend Fuß vom Meere entfernt, ein nach allen Seiten niedriger Berg. Auf ihm wohnte Euenor, einer der zu Anfang aus der Erde entsprossenen Männer, mit seinem Weibe Leukippe; sie hatten eine einzige Tochter, Kleito. Als das Mädchen herangewachsen war, starben ihr Mutter und Vater, Poseidon aber entbrannte in Liebe für sie und verband sich mit ihr; er befestigte den Hügel, auf dem sie wohnte, ringsherum durch ein starkes Schutzwerk: er stellte nämlich mehrere kleinere und größere Ringe, zwei von Erde und drei von Wasser, rings um den Hügel herum her, jeden nach allen Richtungen hin gleichmäßig von den andern entfernt, so daß der Hügel für Menschen unzugänglich wurde, da es in jener Zeit Schiffe und Schiffahrt noch nicht gab. Diesen Hügel, der so zu einer Insel geworden war, stattete er aufs beste aus, was ihm als einem Gott keine Schwierigkeiten bereitete: er ließ zwei Quellen, die eine warm, die andere kalt, aus der Erde emporsteigen und reichliche Früchte aller Art ihr entsprießen. An männlicher Nachkommenschaft erzeugte er fünf Zwillingspaare, ließ sie erziehen, zerlegte sodann die ganze Insel Atlantis in zehn Teile und verlieh dem Erstgeborenen des ältesten Paares den Wohnsitz seiner Mutter und das umliegende Gebiet, als den größten und besten Teil, und setzte ihn zum König über die andern ein; diese aber machte er ebenfalls zu Herrschern, und jeder bekam die Herrschaft über viele Menschen und ein großes Gebiet. Auch gab er allen Namen, und zwar nannte er den Ältesten, den ersten König, der damals herrschte, Atlas, von dem die ganze Insel und das Meer ihren Namen erhielten; dessen nachgeborenem Zwillingsbruder, der den äußersten Teil der Insel, von den Säulen des Herakles bis in die Gegend des heutigen Gadeira, erhielt, gab er in der Landessprache den Namen Gadeiros, auf griechisch Eumelos, ein Name, der zu jener Benennung des Landes führen sollte. Von dem zweiten Paar nannte er den einen Ampheres, den andern Euaimon, von dem dritten den erstgeborenen Mnaseas, den jüngeren Autochthon, vom vierten den älteren Elasippos, den jüngeren Mestor, und vom fünften endlich erhielt der ältere den Namen Azaes, der jüngere Diaprepes. Diese alle sowie ihre

Nachkommen wohnten viele Menschenalter hindurch auf der Insel Atlantis und beherrschten auch noch viele andere Inseln des Atlantischen Meeres; sie hatten aber ihre Herrschaft auch bis nach Ägypten und Tyrrhenien hin ausgedehnt. Von Atlas stammte ein zahlreiches Geschlecht ab, das nicht nur im allgemeinen sehr angesehen war, sondern auch viele Menschenalter hindurch die Königswürde behauptete, indem der Älteste sie jeweils auf seinen Erstgeborenen übertrug, wodurch dieses Geschlecht eine solche Fülle des Reichtums bewahrte, wie sie weder vorher in irgendeinem Königreich bestanden hat noch in Zukunft so leicht wieder bestehen wird; auch waren sie mit allem versehen, was man in einer Stadt und auf dem Lande braucht. Führten doch auswärtige Länder diesen Herrschern gar manches zu, das meiste jedoch lieferte die Insel selbst für die Bedürfnisse des Lebens. So zunächst alles, was der Bergbau an gediegenen oder schmelzbaren Erzen darbietet; darunter besonders eine Art Messing, jetzt nur noch dem Namen nach bekannt, damals aber mehr als dies, das man an vielen Stellen der Insel förderte und das die damaligen Menschen nächst dem Golde am höchsten schätzten. Die Insel erzeugte aber auch alles in reicher Fülle, was der Wald für die Werke der Bauleute bietet, und nährte wilde und zahme Tiere in großer Menge. So gab es dort zahlreiche Elefanten; denn es wuchs nicht nur für alles Getier in den Sümpfen, Teichen und Flüssen, auf den Bergen und in der Ebene reichlich Futter, sondern in gleicher Weise auch für diese von Natur größte und gefräßigste Tiergattung. Alle Wohlgerüche ferner, die die Erde jetzt nur irgend in Wurzeln, Gräsern, Holzarten, hervorquellenden Säften, Blumen oder Früchten erzeugt, trug und hegte auch die Insel in großer Menge; ebenso auch die liebliche Frucht und die Frucht des Feldes, die uns zur Nahrung dient, und alle, die wir sonst als Speise benutzen und mit dem gemeinsamen Namen Gemüse bezeichnen, ferner eine baumartig wachsende Pflanze, die Trank, Speise und Salböl zugleich liefert, und endlich die rasch verderbende Frucht des Obstbaums, uns zur Freude und Lust bestimmt, und alles, was wir als Nachtisch auftragen, erwünschte Reizmittel des überfüllten Magens für den Übersättigten; also dies alles brachte die Insel, damals noch den Sonnenstrahlen zugänglich, wunderbar und schön und in unbegrenzter Fülle hervor. Ihre Bewohner bauten, da ihnen die Erde dies alles bot, Tempel, Königspaläste, Häfen und Schiffswerft, richteten aber auch sonst das ganze Land ein und verfuhren dabei nach folgender Anordnung. Zunächst bauten sie Brücken über die Kanäle, die ihren alten Hauptsitz umgaben, und schufen so eine Verbindung mit der Königsburg. Diese Königsburg erbauten sie gleich von Anfang an auf ebenjenem Wohnsitz des Gottes und ihrer Ahnen; der eine erbte sie vom andern, und jeder suchte nach Kräften ihre Ausstattung zu erweitern und seinen Vorgänger darin zu überbieten, bis dann endlich ihr Wohnsitz durch seine Größe und Schönheit einen staunenswerten Anblick bot. Zunächst führten sie vom Meere aus einen dreihundert Fuß breiten, hundert Fuß tiefen und dreißigtausend Fuß langen Kanal bis zu dem äußersten Ring und ermöglichten dadurch die Einfahrt in ihn von der See aus wie in einen Hafen und machten ihn genügend breit, so daß auch die größten Schiffe einlaufen konnten. Sie durchbrachen aber auch die Erdwälle zwischen den ringförmigen Kanälen unterhalb der Brücken und stellten so eine für eine einzelne Triëre genügend breite Durchfahrt zwischen den verschiedenen Kanälen her; diesen Durchstich überbrückten sie dann wieder, so daß man mit den Schiffen darunter durchfahren konnte, denn die Ränder der Erdwälle waren hoch genug, um über das Meer hervorzuragen. Der breiteste von den ringförmigen Kanälen war achtzehnhundert Fuß breit; dieselbe Breite hatte der folgende Erdgürtel; der nächste ringförmige Kanal war zwölfhundert Fuß breit, und dieselbe Breite hatte der sich an ihn anschließende Erdgürtel; der innerste Kanal endlich, der die Insel selbst umgab, war sechshundert Fuß breit, und die Insel, auf der die Königsburg sich erhob, hatte dreitausend Fuß im Durchmesser. Diese Insel sowie die Erdgürtel und die hundert Fuß breite Brücke umschlossen sie ringsherum mit einer steinernen Mauer und errichteten auf den Brücken jeweils gegen die Durchfahrt vom Meere zu Türme und Tore; die Steine hierfür, weiße, schwarze und rote, wurden an den Abhängen der in der Mitte liegenden Insel und unten an den Erdwällen an deren Innen- und Außenseite gebrochen; dadurch bekamen sie zugleich auf beiden Seiten der Erdwälle Höhlungen für Schiffsarsenale, die vom Felsen selbst überdacht waren. Für ihre Bauten benutzten sie teils Steine derselben Farbe, teils setzten sie auch, zum Genuß für das Auge, verschieden gefärbte Steine zusammen, wodurch sie ihnen ihren vollen natürlichen Reiz verliehen. Die um den äußersten Erdwall herumlaufende Mauer versahen sie mit einem Überzug von Erz, die innerste Mauer übergossen sie mit Zinn, die Burg selbst mit Messing, das wie Feuer leuchtete.

Der Königssitz innerhalb der Burg war folgendermaßen eingerichtet. Inmitten stand ein Tempel, der Kleito und dem Poseidon geweiht; er durfte nur von Priestern betreten werden und war von einer goldenen Mauer umschlossen; in ihm war einst das Geschlecht der zehn Fürsten erzeugt und geboren worden. Alljährlich sandte man dahin aus allen zehn Landgebieten die Erstlinge als Opfer für einen jeden von ihnen. Ferner erhob sich dort ein Tempel des Poseidon, sechshundert Fuß lang, dreihundert Fuß breit und entsprechend hoch, in einer etwas fremdländischen Bauart. Die ganze Außenseite des Tempels war mit Silber überzogen, die Zinnen mit Gold. Im Innern war die Decke von Elfenbein, verziert mit Gold und Messing, im übrigen die Mauern, Säulen und Fußböden mit Messing bekleidet. Goldene Bildsäulen stellten sie darin auf: den Gott selbst, auf seinem Wagen stehend und sechs Flügelrosse lenkend, so groß, daß er mit dem Haupte die Decke berührte, rings um ihn herum hundert Nereïden auf Delphinen; denn so viel, glaubte man damals, gäbe es. Außerdem befanden sich noch viele andere von Privatleuten geweihte Standbilder im Tempel. Außen standen rings um ihn herum die goldenen Bildsäulen der zehn Könige selbst, ihrer Frauen und aller derer, die von ihnen entstammten, sowie viele sonstige Weihgeschenke von den Königen und von Privatleuten aus der Stadt selbst und aus den von ihnen beherrschten auswärtigen Gebieten. Auch der Altar entsprach seiner Größe und seiner Ausführung nach dieser Pracht, und ebenso war der

Königspalast der Größe des Reiches und dem Prunk der Heiligtümer angemessen. Sie benutzten auch die beiden Quellen, die warme und die kalte, die in reicher Fülle flossen und ein wohlschmeckendes und für jeden Gebrauch wunderbar geeignetes Wasser boten; sie legten rings um sie herum Gebäude und passende Baumpflanzungen an und richteten Baderäume ein, teils unter freiem Himmel, teils für den Winter zu warmen Bädern in gedeckten Räumen, die königlichen getrennt von denen des Volkes, sowie besondere für die Frauen und Schwemmen für die Pferde und andern Zugtiere, und statteten alle diese Räume angemessen aus. Das abfließende Wasser leiteten sie teils in den Hain des Poseidon, in welchem Bäume aller Art von besonderer Höhe und Schönheit infolge der Güte des Bodens wuchsen, teils ließen sie es durch Kanäle über die Brücken weg in die äußern Ringkanäle fließen. Dort waren Heiligtümer vieler Götter, viele Gärten und Übungsplätze angelegt, eigene für die Menschen und für die Wagengespanne auf den durch die Erdwälle gebildeten Inseln, eine besondere Rennbahn aber befand sich in der Mitte der größeren Insel, sechshundert Fuß breit und ihrem ganzen Umkreis nach für Wagenrennen eingerichtet. Um diese Rennbahn herum lagen die Wohnungen für die meisten Mitglieder der Leibwache. Die zuverlässigeren von ihnen waren auf dem kleineren, der Burg näher gelegenen Erdwall als Posten verteilt, wer sich aber ganz besonders durch Treue hervortat, der wohnte auf der Burg selbst in nächster Nähe des Palastes.

Die Schiffsarsenale waren voll von Triëren und allem zur Ausrüstung eines solchen Schiffes gehörigen Material, das in gutem Zustand bereitgehalten wurde. Derart war also die Einrichtung der königlichen Wohnung. Hatte man aber die drei außerhalb derselben befindlichen Häfen hinter sich, so traf man auf eine Mauer, die vom Meere begann und im Kreis herumlief, vom größten Ring und zugleich Hafen, überall dreißigtausend Fuß entfernt; sie endete an derselben Stelle bei der Mündung des Kanals in das Meer. Den ganzen Raum nahmen viele dichtgedrängte Wohnungen ein; die Ausfahrt und der größte Hafen waren reich belebt mit Schiffen und Kaufleuten aus allen möglichen Gegenden, und es herrschte bei Tag wie bei Nacht lautes Geschrei, Lärm und Getöse jeder Art.

Damit wäre nun so ziemlich alles mitgeteilt, was mir seinerzeit über die Stadt und jene einstige Wohnung der Könige erzählt wurde. Ich muß nun auch noch versuchen, über die natürliche Beschaffenheit und Verwaltung des übrigen Landes zu berichten. Zunächst stieg, wie es heißt, die ganze Insel sehr hoch und steil aus dem Meere auf, nur die Gegend bei der Stadt war durchweg eine Ebene, ringsherum von Bergen, die bis zum Meer hinabliefen, eingeschlossen; sie war ganz glatt und gleichmäßig, mehr lang als breit, nach der einen Seite hin dreitausend Stadien lang, vom Meere aufwärts in der Mitte zweitausend breit. Dieser Teil der ganzen Insel lag auf der Südseite, im Norden gegen den Nordwind geschützt. Die rings aufsteigenden Berge sollen an Menge, Größe und Schönheit alle jetzt vorhandenen übertroffen haben; sie umfaßten eine Menge reichbewohnter Ortschaften, Flüsse, Seen und Wiesen mit genügendem Futter für alle möglichen zahmen und wilden Tiere und endlich auch große Waldungen, die in der bunten Mannigfaltigkeit ihrer Bäume Holz für alle möglichen Arbeiten lieferten. Dies war also die natürliche Beschaffenheit der Ebene, an deren weiterem Ausbau viele Könige gearbeitet hatten. Sie bildete größtenteils ein vollständiges Rechteck; was aber noch daran fehlte, war durch einen ringsherum gezogenen Kanal ausgeglichen; was über dessen Tiefe, Breite und Länge berichtet wird, klingt fast unglaublich für ein von Menschen hergestelltes Werk, außer allen den andern Arbeiten; dieser Graben war nämlich hundert Fuß tief, überall sechshundert Fuß breit und hatte in seiner Gesamtheit eine Länge von zehntausend Stadien. Er nahm die von den Bergen herabströmenden Flüsse in sich auf, berührte die Stadt auf beiden Seiten und mündete in das Meer. Von seinem oberen Teile her wurden von ihm aus ungefähr hundert Fuß breite Kanäle in gerader Linie in die Ebene geleitet, die ihrerseits wieder in den vom Meer aus gezogenen Kanal einmündeten und voneinander hundert Stadien entfernt waren; auf diesem

Wege brachte man das Holz von den Bergen in die Stadt; ebenso aber auch alle andern Landeserzeugnisse durch Kanäle, die die Längskanäle der Quere nach miteinander und ebenso die Stadt wieder mit diesen verbanden.

Der Boden brachte ihnen jährlich zwei Ernten: im Winter infolge des befruchtenden Regens, im Sommer infolge der Bewässerung durch die Kanäle. Hinsichtlich der Zahl der Bewohner war bestimmt, daß in der Ebene selbst jedes Grundstück einen kriegstüchtigen Anführer zu stellen hatte; jedes Grundstück aber hatte eine Größe von hundert Quadratstadien, und die Zahl aller Grundstücke war sechzigtausend; auf den Gebirgen und in sonstigen Landstrichen wurde die Zahl der Bewohner als unermeßlich angegeben, alle jedoch waren nach ihren Ortschaften je einem dieser Grundstücke und Führer zugeteilt. Je sechs der Führer mußten einen Kriegswagen stellen, so daß man im ganzen zehntausend solcher Wagen für den Krieg hatte; ferner ein jeder zwei Pferde und Reiter sowie ein Zweigespann ohne Sitz, das einen mit kleinem Schild bewaffneten Krieger sowie den Wagenlenker trug, außerdem zwei Schwerbewaffnete, je zwei Bogenschützen und Schleuderer, je drei Stein- und Speerwerfer und endlich noch vier Matrosen zur Bemannung von zwölfhundert Schiffen. Das war die Ordnung des Kriegswesens in dem königlichen Staat, in den übrigen neun Staaten herrschten andere Bestimmungen, deren Erörterung uns zu weit führen würde.

Die Verhältnisse der Regierung und der Staatswürden waren von Anfang an in folgender Weise geordnet. Jeder einzelne der zehn Könige regierte in dem ihm zugefallenen Gebiet von seiner Stadt aus über die Bewohner und stand über den meisten Gesetzen, so daß er bestrafen und hinrichten lassen konnte, wen er wollte. Die Herrschaft über sie selbst und ihren wechselseitigen Verkehr bestimmte das Gebot Poseidons, wie es ein Gesetz ihnen überlieferte, von ihren Vorfahren auf einer Säule von. Messing eingegraben, in der Mitte der Insel, im Tempel des Poseidon. Dort kamen sie abwechselnd bald alle fünf, bald alle sechs Jahre zusammen, um der geraden und der ungeraden Zahl gleiches Recht angedeihen zu lassen, und beratschlagten in diesen Versammlungen über gemeinsame Angelegenheiten, untersuchten aber auch, ob keiner von ihnen ein Gesetz übertreten habe, und fällten darüber ein Urteil. Wenn sie im Begriff waren, ein Urteil zu fällen, gaben sie einander zuvor folgendes Unterpfand der Treue. Sie veranstalteten unter den Stieren, die frei im Heiligtum des Poseidon weideten, eine Jagd ohne Waffen, nur mit Knütteln und Schlingen, und flehten zu dem Gotte, es möge ihnen gelingen, das ihm wohlgefällige Opfertier einzufangen; den gefangenen Stier brachten sie dann zu der Säule und opferten ihn dort auf dem Knauf derselben, unmittelbar über der Inschrift. Auf dieser Säule befand sich außer den Gesetzen eine Eidesformel, die gewaltige Verwünschungen über den aussprach, der ihnen nicht gehorchte. Wenn sie nun nach ihren Bräuchen beim Opfer dem Gott alle Glieder des Stieres geweiht hatten, dann füllten sie einen Mischkrug und gossen in ihn für jeden einen Tropfen Blut, alles übrige aber warfen sie ins Feuer und reinigten die Säule ringsherum. Darauf schöpften sie mit goldenen Trinkschalen aus dem Mischkrug, gossen ihre Spenden ins Feuer und schwuren dabei, getreu den Gesetzen auf der Säule ihre Urteile zu fällen und jeden, der einen Frevel begangen habe, zu bestrafen, in Zukunft keine jener Vorschriften absichtlich zu verletzen und weder anders zu herrschen noch einem andern Herrscher zu gehorchen als dem, der nach den Gesetzen des Vaters regierte. Wenn dann ein jeder von ihnen dies für sich selbst und für sein Geschlecht gelobt hatte, trank er und weihte darauf die Schale als Geschenk für den Tempel des Gottes; dann sorgte er für sein Mahl und für die Bedürfnisse seines Körpers. Sobald es dunkel wurde und das Opferfeuer verglommen war, kleideten sich alle sofort in ein dunkelblaues Gewand von höchster Schönheit, ließen sich bei der Glut der Eidesopfer nieder, löschten dann alles Feuer im Heiligtum aus und empfingen und sprachen Recht in der Nacht, sooft einer von ihnen den andern einer Gesetzesübertretung beschuldigte. Die gefällten Urteile schrieben sie, sobald der Tag anbrach, auf eine goldene Tafel und weihten diese samt jenen Gewändern zum Andenken. Es gab noch eine Menge anderer Gesetze über die Rechte der Könige im besonderen, das wichtigste lautete, keiner solle jemals gegen den andern die Waffen führen, vielmehr sollten alle einander helfen in dem Falle, daß etwa einer von ihnen den Versuch machen sollte, in irgendeiner Stadt das königliche Geschlecht zu stürzen; nach gemeinsamer Beratung, wie ihre Vorfahren, sollten sie über den Krieg und alle andern Dinge beschließen, den Vorsitz und Oberbefehl dabei aber dem Geschlechte des Atlas übertragen. Das Recht, einen seiner Verwandten hinrichten zu lassen, solle einem einzelnen König nur dann zustehen, wenn es der größere Teil der zehn genehmigt hätte.

Diese Macht, die damals in jenen Landen in solcher Art und solchem Umfang bestand, führte der Gott gegen unser Land, durch folgende Umstände der Sage nach dazu veranlaßt. Viele Generationen hindurch hatten sie, solange noch die göttliche Abkunft in ihnen wirksam war, den Gesetzen gehorcht und waren freundlich gesinnt gegen das Göttliche, mit dem sie verwandt; ihre Gesinnung war aufrichtig und durchaus großherzig; allen Wechselfällen des Schicksals gegenüber sowie im Verkehr miteinander zeigten sie Sanftmut und Weisheit; jedes Gut außer der Tüchtigkeit hielten sie für wertlos und betrachteten gleichgültig und mehr wie eine Last die Fülle ihres Goldes und sonstigen Besitzes; ihr Reichtum berauschte sie nicht und vermochte ihnen die Selbstbeherrschung nicht zu nehmen noch sie zu Falle zu bringen; mit nüchternem Scharfblick erkannten sie vielmehr, daß alle diese Güter nur durch gegenseitige Liebe, vereint mit Tüchtigkeit, gedeihen, durch das eifrige Streben nach ihnen aber zugrunde gehen und mit ihnen auch die Tüchtigkeit. Bei solchen Grundsätzen und der fortdauernden Wirksamkeit der göttlichen Natur in ihnen gedieh alles, was ich früher geschildert habe, aufs beste. Als aber der von dem Gott stammende Anteil ihres Wesens durch die vielfache und häufige Vermischung mit dem Sterblichen zu verkümmern begann und das menschliche Gepräge vorherrschte, da waren sie nicht mehr imstande, ihr Glück zu ertragen, sondern entarteten; jeder, der fähig war, dies zu durchschauen, erkannte, wie schmählich sie sich verändert hatten, indem sie das Schönste unter allem Wertvollen zugrunde richteten; wer aber nicht imstande war, zu durchschauen, was für ein Leben wahrhaft zur Glückseligkeit führt, der hielt sie gerade damals für besonders edel und glückselig, da sie im Vollbesitz ungerechten Gewinnes und ungerecht erworbener Macht waren. Aber Zeus, der nach ewigen Gesetzen waltende Gott der Götter, wohl imstande, solches zu durchschauen, faßte den Beschluß, da er ein tüchtiges Geschlecht so traurig entarten sah, sie dafür büßen zu lassen, damit sie, zur Besinnung gebracht, zu ihrer alten Lebensweise zurückkehrten; er versammelte daher alle Götter in ihrem ehrwürdigsten Wohnsitz, der in der Mitte des Weltalls liegt und einen Überblick über alles gewährt, was je des Entstehens teilhaftig wurde, und sprach ...

Es gibt keinerlei Hinweise dafür, ob Plato jemals diesen zweiten Dialog über Atlantis beendete oder einen dritten schrieb, den er angekündigt hatte, aber anscheinend nie verfaßte; falls er es doch tat, ist er verlorengegangen. Das Solon zugeschriebene Gedicht *Atlantikos* ist ebenfalls im Laufe der Jahrhunderte verschwunden.

Platos Bericht hat seit seiner Entstehung Anhänger und Gegner gefunden. Einige Kommentatoren behaupten, daß nicht nur Solon in Ägypten gewesen sei, sondern später auch Plato, um sich persönlich von diesen Informationen zu überzeugen, wie auch Krantor, einer von Platos Schülern, und daß sie alle »die Beweise gesehen hätten«. Platos Bericht hat auf jeden Fall eine die Jahrhunderte bis zum heutigen Tag überdauernde nachhaltige Wirkung auf das Denken der Menschheit gehabt. Einige Gegner der Atlantis-Theorie erklärten, Atlantis sei nur wegen Plato nicht schon längst in Vergessenheit geraten. Das allgemeine, im Laufe der Jahrhunderte ständig wachsende Interesse an diesem großen Menschheitsrätsel scheint diese Behauptung jedoch eindeutig zu widerlegen.

Aristoteles (384—322 v. Chr.), ein ehemaliger Schüler Platos, ist nachweislich einer der ersten, der nicht an die Atlantis-

Theorie glaubte, obwohl er selbst über eine große, den Karthagern bekannte Insel namens *Antilia* im Atlantik schrieb.

Krantor (330—275 v. Chr.), ein Nachfolger Platos, berichtet, er habe ebenfalls die Papyrusrollen gesehen, auf denen die Geschichte von Atlantis aufgezeichnet gewesen sei, so wie Plato sie geschildert habe. Und noch andere Schriftsteller der Antike schreiben von einem Kontinent im Atlantik, den sie allerdings manchmal mit anderen Namen bezeichnen, wie etwa Poseidonis, nach Poseidon, dem Gott des Meeres und Schirmherrn von Atlantis.

Plutarch (46—120 n. Chr.) erzählt von einem derartigen Kontinent namens Saturnia und von einer Insel Ogygia, die fünf Tagesfahrten weit westlich von Britannien im Ozean lägen. Ogygia wird auch von Homer als das Inselheim der Nymphe Kalypso erwähnt.

Marcelinus (330—395 n. Chr.), ein römischer Historiker, der berichtet, daß die Gelehrten und Gebildeten Alexandrias die Vernichtung von Atlantis für eine historische Tatsache hielten, beschreibt eine Sorte von Erdbeben, »die plötzlich mit einem einzigen Ruck riesige Schlünde aufrissen und ganze Teile der Erde verschluckten, wie im Atlantischen Meer vor der Küste Europas eine große Insel . . .«

Proklos (410—485 n. Chr.), ein Neuplatoniker, schreibt, daß es nicht weit westlich von Europa einige Inseln gäbe, deren Bewohner noch die Erinnerung an eine größere Insel bewahrten, zu deren Imperium sie gehörten und die vom Meer verschlungen worden sei. In seinen Kommentaren zu Plato sagt er:

». . . daß eine derartige und so große Insel einst existierte, geht ganz eindeutig aus dem hervor, was bestimmte Historiker über das äußere Meer schreiben. Nach ihnen gab es in diesem Meer zu ihrer Zeit sieben Inseln, die Persephone unterstanden, und drei andere große, von denen eine Pluto geweiht war, eine Ammon und eine Poseidon, und diese letzte hatte eine Flächenausdehnung von tausend Stadien*. Sie sagten ferner, daß

---

* Maßeinheit der Antike, die sich vom Stadion, der Rennbahn für den Wettlauf, ableitete. Das attisch-römische Stadion betrug 178,6 m. *(Anm. d. Übers.)*

die Bewohner dieser Poseidon unterstehenden Insel die Erinnerung an ihre Vorfahren bewahrten und an die atlantische Insel, die sich einst dort befand und die wahrhaft wundervoll war. Sie beherrschte jahrhundertelang alle Inseln im Atlantischen Meer und war ebenfalls Poseidon geweiht...«

Homer (8. Jh. v. Chr.) zitierte in der *Odyssee* die Göttin Athene wie folgt: »Unser Vater, Kronion, o du, der Gebietenden höchster... Aber mich kränkt in der Seele des weisen Helden Odysseus Elend, welcher so lang, entfernt von den Seinen, sich abhärmt auf der umfluteten Insel, inmitten des wogenden Meeres. Eine Göttin bewohnt das waldumschattete Eiland, Atlas' Tochter, des allerforschenden, welcher des Meeres dunkle Tiefen kennt und allein die ragenden Säulen hoch hält, welche die Erde vom hohen Himmel sondern.«

Der Hinweis auf Atlas und Kronos ist besonders interessant in Verbindung mit der »umfluteten Insel, inmitten des wogenden Meeres«. Wie Homer weiter erzählt, erreichte Odysseus' Schiff »des tiefen Stroms Okeanos Ende. Allda liegt das Land und die Stadt der kimmerischen Männer, immer gehüllt in Nacht und Nebel...«

In der *Odyssee* spricht Homer von Scheria, einer Insel weit draußen im Ozean, wo die Phäaken leben, »... abgesondert im wogenumrauschten Meere an dem Ende der Welt, und haben mit keinem Gemeinschaft...« Er beschreibt auch die Stadt des Königs Alkinoos, der er einen derartigen Überfluß an Reichtum und Pracht zuschreibt, daß es an Platos Schilderung von Atlantis erinnert. Wenn auch die beiden Namen sich nicht ähneln, so ist dieses mächtige Inselreich doch ein weiterer Hinweis auf die Erinnerung an einen Inselkontinent im westlichen Ozean jenseits der Säulen des Herakles.

Da Platos Informationen über Atlantis ihm zufolge aus ägyptischen Unterlagen stammen, sollte man annehmen, daß mehr ägyptische Papyrusschriften zusätzliche Hinweise auf Atlantis enthalten. Gewisse Anspielungen in ägyptischen Schriften sind dann auch in diesem Sinn ausgelegt worden, wie »die Herrschaft der Götter« über Ägypten Jahrtausende vor Anbeginn der ersten schriftlich belegten ägyptischen Dynastie. Ein ägyptischer Priester und Historiker — Manetho — nennt uns außerdem den ungefähren Zeitpunkt, zu dem die Ägypter ihr Kalendersystem änderten, und zwar fällt dieser in die gleiche Periode, in der Atlantis Plato zufolge versank und die jetzt 11 500 Jahre zurückliegt. Andere »verlorene« ägyptische Schriften befanden sich angeblich noch vor der Russischen Revolution in einem Museum in St. Petersburg.

Eine besonders interessante Schrift soll über eine Expedition berichtet haben, die von einem Pharao der II. Dynastie entsandt wurde und das Schicksal von Atlantis klären sollte. Diese Expedition sei nach fünf Jahren unverrichteterdinge, wie man sich denken kann, zurückgekehrt. Ägyptische Schriften erzählen auch von einer Invasion durch »Leute vom Meer«, die »vom Ende der Welt« kamen. Monumentale Wandgemälde, welche dieses Ereignis darstellen, sind heute noch in Medinet Habu zu sehen.

Obwohl die meisten ägyptischen Papyrusrollen bei der Vernichtung der Bibliothek von Alexandria in den Badeöfen verbrannt sein müssen, liegen vielleicht noch unbekannte Schriften in einem unentdeckten ägyptischen Grab und sind durch das trockene ägyptische Klima außerdem gut erhalten.

Herodot (5. Jh. v. Chr.), der griechische Historiker, hat uns mehrere Hinweise auf einen »Atlantis« ähnelnden Namen sowie auf eine geheimnisvolle Stadt im Atlantischen Ozean hinterlassen, die viele für eine atlantische Kolonie oder sogar für Atlantis selbst gehalten haben. Er schreibt: »Den ersten Griechen, die lange Seefahrten unternahmen«, war Iberia (Spanien) und eine Stadt namens Tartessos bekannt, »...jenseits der Säulen des Herakles...«, durch welche die ersten Händler »auf der Rückfahrt größere Gewinne machten als jemals Griechen zuvor...« (Dies klingt seltsam modern und überbrückt die Jahrtausende, die zwischen der fernen Antike und den Handelsflotten eines Niarchos und Onassis liegen.)

An anderer Stelle spricht Herodot in seiner geschichtlichen Darstellung von einem Volksstamm, den Ataranten, sowie von einem zweiten, den Atlanten, ». . . die sich nach einem Berg, dem Atlas, nennen, der sehr spitz und rund ist; und außerdem so hoch, daß man den Gipfel, wie es heißt, nicht sehen kann, da die Wolken ihn weder sommers noch winters freigeben . . .«

Herodot interessierte sich sowohl für die Geschichte der Vorzeit wie die seiner Zeit und glaubte, daß der Atlantik durch ein Erdbeben, das die Landbrücke bei Gibraltar sprengte, einen Zugang zum Mittelmeer erhielt. Als er in den ägyptischen Bergen fossilierte Meeresmuscheln fand, zog er außerdem die Möglichkeit in Betracht, daß die heutigen Landflächen früher Meeresboden waren, während die einstigen Landflächen in das Meer versanken.

Thukydides (460—400 v. Chr.) berichtet im *Peloponnesischen Krieg* über ein Erdbeben und sagt dazu: ». . . Das Meer zog sich bei Orobiai auf Euboia von der damaligen Küstenlinie zurück, stieg in einer gewaltigen Welle empor und begrub einen Teil der Stadt unter sich; und wich dann an einigen Stellen wieder zurück, doch andere blieben für immer überflutet, und was einst Land war, ist jetzt Meer. Die Menschen, die nicht auf Anhöhen flüchten konnten, kamen um. Eine ähnliche Überschwemmung ereignete sich in der Nachbarschaft von Atalante, einer Insel vor der Küste von Opuntian Locri . . .«

Ein griechischer Historiker, Timagenes (1. Jh. v. Chr.), erwähnt bei seiner Schilderung der Bewohner des alten Gallien eine Geschichte aus ihrer Überlieferung, nach der ihr Land einmal einen Einfall von Menschen erlebte, die von einer Insel kamen, die im Meer versank. Er bemerkt ferner, daß manche der Gallier selbst glauben, von einem fernen Land mitten im Ozean zu stammen.

Ein Aristoteles zugeschriebenes Manuskript mit dem Titel *Von der Welt* zeugt von dem Glauben an andere Kontinente: ». . . Viele andere Länder aber lassen sich denken, die diesem gegenüber in der Ferne liegen; die einen größer als dieses, die andern kleiner; uns aber alle, außer diesem hier, unsichtbar. Wie nämlich die Inseln bei uns zu diesen Meeren sich verhalten: so das genannte Land zu dem Atlantischen Meere, und so viele andere zu dem ganzen Meere. Denn auch diese sind große Inseln, von großen Gewässern umspült...«

In der sogenannten *Bibliothek* des Apollodoros (2. Jh. v. Chr.) gibt es einen ungewöhnlichen Hinweis auf die Pleiaden: »... Atlas und Pleïone, Tochter von Okeanos, hatten sieben Töchter, die Pleiaden genannt, die ihnen in Kyllene in Arkadien geboren wurden, nämlich: Alkyone, Merope, Kelaino, Elektra, Sterope, Taygete und Maia... Und Poseidon umfing zwei von ihnen, zuerst Kelaino, die ihm Lykos gebar, dem Poseidon die Inseln der Seligen als Wohnstätte zuwies, und als zweite Alkyone...«

In seiner Beschreibung der Inseln der Seligen im Atlantischen Ozean spricht Plutarch von der sanften Brise, dem weichen Tau und den Bewohnern, »die sich aller Dinge ohne Mühe oder Arbeit erfreuen«. Die Jahreszeiten »sind milde« und die Übergänge »so gemäßigt, daß allgemein der feste Glaube vorherrscht, sogar bei den Barbaren, daß dies die Wohnstatt der Seligen ist, und daß dies die Elysischen Gefilde sind, die Homer besingt...«

Diodoros Siculus (1. Jh. v. Chr.) berichtet ausführlich über einen Krieg zwischen den Amazonen und einem Volk namens Atlantioi. Die Amazonen kamen in diesem Fall von einer Insel im Westen, die Hespera hieß und im Tritonis-Sumpf lag, »nahe dem Ozean, der die Erde umgibt« und dem Berg, »den die Griechen [den] Atlas nennen...« Er bemerkt ferner: »... Es wird ebenfalls die Geschichte erzählt, daß der Tritonis-Sumpf im Verlauf eines Erdbebens spurlos verschwand, als Teile von ihm, die zum Osten hin lagen, auseinandergerissen wurden...« Diodoros zitiert des weiteren den Mythos der Atlantioi: »... Das Königreich wurde unter die Söhne von Uranos aufgeteilt, von denen Atlas und Kronos die berühmtesten waren. Von diesen Söhnen erhielt Atlas als seinen Teil die Gebiete an der Küste des Ozeans, und er gab seinem Volk nicht nur den Namen Atlantioi, sondern nannte den größten Berg in dem Land Atlas. Sie behaupten auch, daß er die Wissenschaft der Astrologie vervollkommnete und als erster der Menschheit die Lehre von dem Himmelsgewölbe bekanntgab und daß aus diesem Grunde die

Vorstellung sich bildete, daß der gesamte Himmel auf den Schultern von Atlas ruhe ...«

Diodoros beschreibt die von Apollodoros genannten Töchter des Atlas ausführlich und berichtet, daß sie »... bei den berühmtesten Helden und Göttern lagen und so die ersten Ahninnen eines großen Teiles der Rasse der Menschenwesen wurden ... Diese Töchter zeichneten sich ebenfalls durch ihre Keuschheit aus und erlangten nach ihrem Tode unsterbliche Ehre unter den Menschen, die sie auf einen himmlischen Thron setzten und ihnen den Namen ›die Pleiaden‹ gaben ...«

Er liefert ferner eine ansprechende Beschreibung der Insel Atlantis: »... Denn dort draußen in den Tiefen vor Libyen liegt eine Insel von beträchtlicher Größe, und da sie sich im Ozean befindet, ist sie von Libyen eine Seereise von etlichen Tagen weit gen Westen entfernt. Ihr Land ist fruchtbar, vieles davon ist gebirgig und nicht wenig eine flache Ebene von außerordentlicher Schönheit. Es wird durchzogen von schiffbaren Flüssen, die man zur Bewässerung benutzt. Die Insel hat viele Gebiete, die mit Bäumen jeder Art bepflanzt sind, und Gärten von großer Vielfalt, die von Süßwasserläufen durchflossen werden; es gibt dort auch private Villen von kostbarem Bau, und in den Gärten wurden inmitten von Blumen Lusthäuser errichtet, in denen die Bewohner in der sommerlichen Jahreszeit ihre Tage verbringen ... Auch die Jagd auf jede Art von Raubtieren und wilden Tieren ist dort ausgezeichnet ...

Und, ganz allgemein gesprochen, ist das Klima dieser Insel so milde, daß es einen Überfluß an Baumfrüchten und anderen Früchten der Jahreszeit hervorbringt, so daß es scheinen möchte, als wäre die Insel wegen ihrer außergewöhnlichen glücklichen Gaben eine Wohnstatt der Götter und nicht eine der Menschen ...«

Theopompos (4. Jh. v. Chr.) berichtet von einer Unterhaltung zwischen König Midas und einem gewissen Silenos über einen großen, von kriegerischen Stämmen bevölkerten »äußeren« Kontinent. Einige dieser Stämme sollen versucht haben, die »zivilisierte Welt« zu erobern. (Der Wert dieser Quelle wird allerdings durch die Bemerkung gemindert, daß Silenos ein Satyr war, den König Midas nur einfangen konnte, nachdem er ihn mit griechischem Wein betrunken gemacht hatte!)

Tertullian (150—230 n. Chr.) erwähnt das Versinken von Atlantis im Zusammenhang mit den Veränderungen der Erde: ». . . die, sogar jetzt, lokalen Veränderungen unterworfen ist . . wenn es unter ihren Inseln Delos nicht mehr gibt . . . Samos ein Sandhaufen [ist] . . . Wenn man umsonst im Atlantik eine Insel von der gleichen Größe wie Libyen oder Asien sucht; wenn . . . Italien durch die bebende Erschütterung des Asiatischen und Tyrrhenischen Meeres mitten durchgeschnitten wird [und] Sizilien dabei übrigbleibt . . .«

Philon von Alexandreia (Philo Judaeus, 20 v. Chr. — 40 n. Chr.) kommentiert ebenfalls die Entstehung der Meerenge von Sizilien. Er schreibt: »Man bedenke, wie viele Gebiete auf dem Festland, und nicht nur solche nahe der Küste, sondern sogar tief im Inland gelegene, von den Fluten verschlungen worden sind; und man bedenke, was für ein großer Teil Land zu Meer geworden ist und jetzt von unzähligen Schiffen befahren wird. Wer kennt nicht jene allerheiligste Meerenge von Sizilien, die in alten Zeiten Land war und Sizilien mit dem Kontinent von Italien verband?« Er nennt außerdem drei griechische Städte, die auf dem Meeresgrund liegen sollen — Aigara, Boura und Helike (man sucht jetzt mit modernen archäologischen Forschungsmethoden in der Nähe der heutigen Stadt Korinth nach Helike) — und schließt mit einem Hinweis auf »die Insel Atlantis, die, wie Plato sagte, in einem Tag und einer Nacht durch ein außergewöhnliches Erdbeben und eine Überflutung im Meer verschwand«.

Eine Bemerkung von Arnobius Afer (3. Jh. n. Chr.), einem frühen Christen, beklagt den Umstand, daß die Christen für alles verantwortlich gemacht werden: »Ist es unsere [der Christen] Schuld, daß vor zehntausend Jahren eine große Schar Männer von der Insel, die das Atlantis von Neptun genannt wird, wie Plato uns berichtet, kamen und zahllose Volksstämme überfielen und ausrotteten?«

Aelian (Claudius Aelianus, 170—240 n. Chr.), ein klassischer Schriftsteller, gibt einen ziemlich ungewöhnlichen Hinweis in seinem Werk *Das Wesen der Tiere*. Er spricht von »Schafen des Meeres« (die man für Seehunde hält) und sagt, daß sie »... in der Nähe der Meerenge überwintern, die Korsika und Sardinien trennt ... Das männliche Tier, der Widder, hat ein weißes Band um die Stirn. Man würde sagen, es ähnele dem Diadem von Lysimachus oder Antigonus oder dem eines anderen mazedonischen Königs. Die Bewohner der Küsten des Ozeans erzählen, daß in früheren Zeiten die Könige von Atlantis, [die] Nachkommen von Poseidon, als Zeichen ihrer Macht das Kopfband der Widder auf dem Kopf trugen und daß ihre Gemahlinnen, die Königinnen, als Zeichen ihrer Macht das Kopfband der weiblichen Tiere trugen ...«

Dieses Zitat von Aelian, das uns durch die Jahrhunderte nicht als eine Beschreibung von Atlantis, sondern als eine beiläufige Bemerkung über Kopfschmuck überliefert worden ist, verleiht dem im Altertum allgemein verbreiteten Glauben an die tatsächliche frühere Existenz von Atlantis eine gewisse Glaubwürdigkeit.

Welche Schlußfolgerung kann aus diesen und anderen ähnlichen klassischen Hinweisen gezogen werden? Obwohl einige von ihnen sich gegenseitig zu widerlegen scheinen und auch die Namen und deren Schreibweise variieren, scheinen sie doch in mehreren Punkten übereinzustimmen. Die Mittelmeervölker der Antike glaubten, daß es im Atlantik bewohnte Länder oder einen Kontinent gab, und bewahrten verschwommene Erinnerungen an einen Kontakt mit diesen Bewohnern wie auch an feindselige Auseinandersetzungen mit von dort kommenden Gruppen — sei es zu Plünderungs- oder Kundschafterzwecken; und sie glaubten schließlich alle, daß dieses Land oder diese Länder im Meer versunken waren.

Ein anderer früher Christ, Kosmas Indikopleustes (6. Jh. n. Chr.), scheint den Anspruch der Russen »wir haben es zuerst erfunden« um Jahrhunderte vorwegzunehmen, wenn er sagt, daß Plato »... mit gewissen Einschränkungen ähnliche Ansichten wie wir zum Ausdruck brachte ... Er erwähnt sowohl die zehn Generationen wie auch die Tatsache, daß Land unter dem Ozean liegt. Und es ist mit einem Wort offensichtlich, daß sie alle Anleihen bei Moses machen und seine Worte als ihre eigenen ausgeben ...« Kosmas dachte dabei anscheinend an biblische Hinweise auf die Generationen vor der Sintflut, die von dieser wegen ihrer Sündhaftigkeit vernichtet wurden. Doch der biblische Hinweis auf die Sintflut ist nur ein kleiner Ausschnitt einer Legende, die allgemeiner Besitz der Völker in allen Teilen der Welt — mit Ausnahme Polynesiens — ist.

Für den modernen Forscher sind deshalb derartige schriftliche Überlieferungen und Berichte keine Beweise. Aber können sie das jemals sein? Man darf nicht vergessen, daß die Autoren früherer Zeiten ihre Berichte nicht für moderne Forscher schrieben und daß man damals, als es noch keine Computer, Mikrobänder und keine Druckerpresse gab, eine völlig andere Auffassung vom Wesen der Information hatte und Götter und Mythen als Rahmenwerk mit heranzog. Man muß deshalb den Beweis für die tatsächliche Existenz von Atlantis nicht nur in den Schriften klassischer Autoren, sondern auch auf anderen Gebieten suchen.

4

Atlantis — uralte Menschheitserinnerung

Der Bericht von der Sintflut, wie er in der Genesis steht, ist Allgemeinbesitz der Babylonier, Assyrer, Perser, Ägypter, der Stadtstaaten Kleinasiens, Griechenlands und Italiens und anderer Völker der Küsten des Mittelmeers, des Kaspischen Meers und des Persischen Golfs, ja sogar Indiens und Chinas.

Es ließe sich behaupten, daß Berichte von einer großen Flut, die nur einige wenige, von Gott oder den Göttern zur Erhaltung des Menschengeschlechts Erwählte, überlebten, indem sie sich rechtzeitig ein rettendes Schiff bauten, über die großen Karawanenstraßen nach Asien gelangten. Die Übereinstimmung mit den norwegischen und keltischen Legenden wäre schon schwieriger zu begründen. Wie aber kann man den Umstand erklären, daß die Indianervölker der Neuen Welt eigene vollständige und identische Flutlegenden hatten, die oft Hinweise darauf enthielten, daß sich diese Völker auf Schiffen aus dem Osten in ihr neues Land retteten?

Beim Studium der Sintflutlegenden wird eine erstaunliche Tatsache klar: A l l e Rassen und Völker scheinen die gleiche Legende zu haben. Es wäre denkbar, daß die Völker des Mittelmeerraumes in ihren Überlieferungen die Erinnerung an eine Universalkatastrophe bewahrten, doch wie hätten die Indianer Nord- und Südamerikas davon erfahren und fast die identischen Legenden haben können?

Laut den alten aztekischen Bilderschriftdokumenten war zum Beispiel Coxcox, der auch Teocipactli oder Tezpi hieß, der Noah der mexikanischen Flutkatastrophe. Er rettete sich mit seinem Weib in einem Boot oder Floß aus Zypressenholz. Man hat bildliche Darstellungen von Coxcox' Sintflut bei den Azteken, Mixteken, Zapoteken, Tlaxcalteken und anderen Indianerstämmen gefunden. Die Legende weist aber eine noch viel weitergehende Übereinstimmung mit dem Sintflutbericht, wie wir ihn aus der Schöpfungsgeschichte und chaldäischen Quellen kennen, auf. Sie berichtet, wie Tezpi mit seinem Weib, seinen Kindern und mehreren Tieren und Getreide, deren Rettung wichtig war für den Fortbestand der menschlichen Rasse, ein geräumiges Schiff bestieg. Als der große Gott Tezxatlipoca den Wassern befahl zurückzuweichen, ließ Tezpi einen Geier fliegen. Der Vogel, der durch die Leichen, mit denen die Erde übersät war, einen reichgedeckten Tisch fand, kehrte nicht zum Schiff zurück. Da ließ Tezpi weitere Vögel frei, von denen aber nur der Kolibri mit einem grünen Zweiglein im Schnabel zurückkam. Als Tezpi daran erkannte, daß die Vegetation wieder eingesetzt hatte, verließ er sein Floß auf dem Berg Colhuacan.

Das *Popol Vuh* war eine in den Hieroglyphen der Mayas verfaßte Chronik der Quiché-Mayas, die von den spanischen Eroberern verbrannt, später jedoch aus dem Gedächtnis aufgezeichnet wurde, und zwar in lateinischen Buchstaben. Diese Sintflutlegende der Mayas erzählt: »Da wurden die Wasser von dem Willen des Herzens des Himmels [Hurakán] aufgewühlt, und eine große Überschwemmung kam auf die Häupter dieser Kreaturen ... Sie wurden verschlungen, und eine harzige Masse senkte sich vom Himmel herab; ... das Antlitz der Erde verdunkelte sich, und ein schwerer [alles] verfinsternder Regen begann — Regen bei Tag und Regen bei Nacht ... Über ihren Köpfen hörten sie ein schreckliches Getöse, wie von Feuer. Da sah man die Menschen voller Verzweiflung herumlaufen und sich gegenseitig umstoßen; sie wollten auf ihre Häuser klettern, und die Häuser stürzten ein, brachen zu Boden; sie wollten auf die Bäume klettern, und die Bäume schüttelten sie ab; sie wollten sich in die Grotten flüchten, und die Grotten schlossen sich vor ihnen ... Wasser und Feuer trugen zu der vollständigen Vernichtung zur Zeit der letzten großen Flutkatastrophe bei, die der vierten Schöpfung voranging.«

Die ersten Erforscher Nordamerikas konnten eine Legende der Indianervölker um die Großen Seen aufzeichnen: »In früheren Zeiten lebte der Vater der indianischen Stämme [näher] zur aufgehenden Sonne. Nachdem er in einem Traum gewarnt worden war, daß eine Sintflut über die Erde kommen würde, baute er ein Floß, auf dem er sich mit seiner Familie und allen den Tieren rettete. So trieb er mehrere Monate dahin. Die Tiere, die zu jener Zeit sprachen, beklagten sich laut und murrten gegen ihn. Zuletzt tauchte eine neue Erde auf, auf der er mit all den Tieren landete, die seit jener Zeit die Macht der Sprache verloren haben als Strafe für ihr Gemurre gegen ihren Retter.«

George Catlin, ein früher Beobachter der amerikanischen Indianervölker, berichtet von einem Brauch, bei dem der Hauptakteur als »der einzige Mensch« bezeichnet wird, der durch das Dorf »reist«, vor jedes Mannes Hütte stehenbleibt und weint, bis der Besitzer der Hütte herauskommt und ihn fragt, wer er wäre und was denn los sei? Worauf der Mann als Antwort von »der traurigen Katastrophe« erzählt, »die sich durch die überfließenden Wasser auf der Erde ereignet habe«, und sagt, daß er der »einzige Mensch sei, der von dem Weltunglück gerettet worden sei«; daß er mit seinem Kanu auf einem hohen Berg im Westen gelandet sei, wo er jetzt lebe; daß er gekommen sei, um die Hütte des Medizinmannes zu öffnen, die ein Geschenk in Form eines scharfkantigen Werkzeuges von dem Besitzer jedes Wigwams brauche, um es dem Wasser zu opfern; denn wenn dies nicht geschähe, würde eine zweite Flut kommen, und niemand würde gerettet, da das große Kanu mit solchen Werkzeugen gemacht worden sei.

Ein Hopi-Mythos beschreibt ein Land, in dem große Städte erbaut wurden und das Handwerk blühte, doch als das Volk verderbt und kriegerisch wurde, vernichtete eine große Flut die Welt. »Wellen höher als Berge wälzten sich über das Land, und Kontinente brachen auseinander und sanken hinunter ins Meer.«

Die Überlieferung der Irokesen berichtet, daß die Welt einst von Wasser verwüstet und nur eine einzige Familie mit zwei Tieren von jeder Tierart gerettet wurde.

Die Chibcha-Indianer in Kolumbien haben eine Legende, nach der die Sintflut durch den Gott Chibchacun ausgelöst wurde, den Bochica, der Hauptgott und Lehrer der Menschheit, bestrafte, indem er ihn dazu verurteilte, zukünftig die Erde auf seinem Rücken zu tragen. Jedesmal, wenn Chibchacun seine Stellung veränderte, gab es nach Meinung der Indianer ein Erdbeben. (In der griechischen Mythologie trägt Atlas das Gewicht des Himmelsgewölbes und gelegentlich auch das der Erde auf seinen Schultern.) Die Flutlegende der Chibcha-Indianer weist noch eine weitere bemerkenswerte Parallele zu dem griechischen Flutmythos auf. Um sich von den Wassermassen zu befreien, die die Erde nach der Sintflut bedeckten, öffnete Bochica bei Tequendama ein Loch in der Erde — in der griechischen Legende verschwanden die Flutwasser durch den Krater von Bambyce.

Diese Flutlegenden gleichen im allgemeinen unseren eigenen so sehr, daß man fast vergißt, sich daran zu erinnern, daß sie *vor* der Ankunft des weißen Mannes in der Neuen Welt existierten. Wie die spanischen Eroberer in Peru feststellten, glaubten die meisten Bewohner des Inka-Reichs, daß die Erde einst von einer großen Flut überschwemmt wurde, in der alle Menschen bis auf einige wenige umkamen, die der Schöpfer rettete, damit sie die Welt wieder durch ihre Nachkommen bevölkerten.

Eine Inka-Legende über einen solchen Überlebenden berichtet, daß dieser an der Art, wie seine Lamaherden ständig traurig zum Himmel emporschauten, erkannte, daß eine Sintflut nahte und auf diese Warnung hin einen hohen Berg besteigen konnte, auf dem er und seine Familie vor der bevorstehenden Flut sicher waren. In einer anderen Inka-Legende wird erwähnt, daß es sechzig Tage und sechzig Nächte regnete — also zwanzig Tage und Nächte länger als in der biblischen Sintflut.

Bei den Guaraní-Indianern an der Ostküste Südamerikas findet man eine Legende über Tamandere, der, als der große Regen einsetzte und die Erde zu bedecken begann, im Tal blieb, anstatt mit seinen Gefährten auf die Berge zu fliehen. Als das Wasser höherstieg, kletterte er auf eine Palme und aß, während er abwartete, Früchte. Die Palme wurde schließlich von den immer weiter steigenden Fluten entwurzelt, und Tamandere und sein Weib trieben auf dem Baum wie auf einem Floß dahin, während das Land, der Wald und zuletzt sogar die Gebirge verschwanden. Gott gebot den Wassern Einhalt, als sie den Himmel erreichten. Tamandere, der sich jetzt auf der Spitze eines Berges befand, stieg von der Palme herunter, als er den Flügelschlag eines himmlischen Vogels als Zeichen dafür vernahm, daß die Wasser zurückwichen, und machte sich daran, die Erde wieder zu bevölkern.

Wegen der vorhandenen schriftlichen Berichte kennen wir die Noahs des Mittelmeers — sowohl des europäischen wie des mittelöstlichen — besser, so den babylonischen Ut-Napishtim und den Baisbasbata des Hindu-Epos *Mahabharata*, den Yima der persischen Legende und Deukalion der griechischen Mythologie, der das neue Menschengeschlecht erzeugte, indem er auf Geheiß des Orakels der Themis »die Gebeine der Mutter«, das heißt die Steine der Erde, hinter sich warf. Nach den Legenden gab es also anscheinend nicht nur einen Noah, sondern viele, von denen keiner etwas vom anderen wußte.

Der Grund für die Sintflut ist in all diesen Mythen fast immer der gleiche: Die Menschheit war sündhaft geworden, und Gott beschloß, sie zu vernichten, gleichzeitig aber ein redliches Ehepaar oder eine Familie für einen Neubeginn zu verschonen.

Diese universelle Erinnerung an eine Sintflut müßte man bei den Völkern zu beiden Seiten des Atlantiks finden, falls Atlantis — wie von Plato beschrieben — während der Katastrophe unterging. Die durch diese Katastrophe verursachten Flutwellen müßten nicht nur überall sehr hoch gewesen sein, sondern auch niedriges Land überschwemmt haben; und die Stürme, Orkane, Winde und Erdbeben bestärkten zweifellos jeden damals lebenden Menschen in der Annahme, daß die Welt tatsächlich unterging. Und das 7. Kapitel der Genesis (1. Buch Mose) enthält einen ganz besonders anschaulichen Bericht über die gleichzeitig steigenden Fluten und den Regen — »da brachen auf alle Brunnen der großen Tiefe, und taten sich auf die Fenster des Himmels...«

Diese alle Völker verbindenden Sintflutlegenden gehen möglicherweise auf das Sinken von Atlantis oder auf eine Flutkatastrophe im Mittelmeer oder auf beides zurück. Neben derartigen übereinstimmenden Überlieferungen muß man jedoch
auch die Frage des Namens selbst berücksichtigen, das heißt die
Namen, mit denen das irdische Paradies oder die Urheimat eines
Stammes oder Volkes bezeichnet wurde. Hier sind die Übereinstimmungen besonders auffallend in den Mythen der Indianervölker Nord- und Südamerikas, wie wir an den Namen Aztlán

Aztekische Darstellung von Aztlán, der ursprünglichen Heimat der
Azteken; aus einem illustrierten Manuskript aus der Zeit nach der
spanischen Eroberung.

und Athlán sowie Tollán sahen, und ebenfalls verblüffend auf
der anderen Seite des Atlantiks, wo die »versunkenen Länder«
so ähnliche Namen wie Avalon, Lyonesse, Ys, Antilla und
»Atlantische Insel der sieben Städte« haben, nicht zu vergessen
die Namen der antiken Mittelmeerwelt wie Atlantis, Atalanta,
Atarant, Atlas, Aaru, Aalu und andere, mit denen wir uns
ausführlich im ersten Kapitel beschäftigten. All diese Legenden
erzählen von einem Land, das im Meer versank.

Besonders interessant ist die Feststellung, daß sogar heute
noch bestimmte Volksstämme die Überlieferung bewahren, nach

der sie von den Atlantiden abstammen oder über ihre Vorfahren kulturell von ihnen beeinflußt wurden. Dies trifft vor allem für die Basken Nordspaniens und Südwestfrankreichs zu, deren Sprache keinerlei Verbindung zu den anderen europäischen Sprachen aufweist. Die Berber, deren Sprache gewisse Ähnlichkeiten mit dem Baskischen hat, bewahren in ihren Überlieferungen ebenfalls die Erinnerung an einen westlichen Kontinent.

Der Glaube an die Existenz von Atlantis ist in Portugal, Brasilien und Gebieten von Spanien noch heutzutage weit verbreitet, was völlig logisch erscheint, wenn man bedenkt, daß der westliche Teil der Iberischen Halbinsel der Zipfel Europas war, der Atlantis — falls es diesen Inselkontinent in früheren Zeiten wirklich gab — am nächsten lag.

Eines der klassischen katalanischen Werke ist das 1878 veröffentlichte lange Gedicht *La Atlántida* von Jacinto Verdaguer — und das ist nur ein Beispiel für die zahlreichen literarischen Schöpfungen eines Volkes, das sich als direkte oder indirekte Nachkommenschaft der Bewohner des versunkenen Kontinents betrachtet.

Es hat einen gewissen Reiz, wenn man zum Beispiel heutzutage in einer portugiesischen Zeitung liest, daß der Staatschef *»os vestígios da Atlántida«* (den Überresten von Atlantis) einen Besuch abgestattet habe, womit natürlich die Azoren gemeint sind. Es gibt auf den Azoren alte Legenden über Atlantis, doch wurden sie von den Portugiesen auf die bis dahin unbewohnten Inseln mitgebracht. Die Ureinwohner der Kanarischen Inseln waren nach Aussage der ersten dort landenden Spanier eine primitive weiße Rasse, die sowohl eine Schriftsprache wie genaue Überlieferungen besaß, auf Grund derer sie sich als Überlebende eines einstigen großen Inselreiches betrachtete. Ihr Überleben endete mit ihrer Entdeckung, denn sie wurden von den spanischen Eindringlingen in einer Reihe von Kriegen getötet. Uns ist dadurch ein faszinierendes, ja vielleicht sogar das einzige direkte Bindeglied zwischen Atlantis und der heutigen Zeit unwiderruflich verlorengegangen.

Die Kelten in Westfrankreich, Irland und Wales bewahren Erinnerungen an vorgeschichtliche Kontakte mit Menschen von den Ländern im Meer. In der Bretagne gibt es prähistorische »Avenuen« von Menhiren, die zur Atlantikküste und dann unter Wasser weiter ins Meer hinaus führen. Obwohl nicht einmal die enthusiastischsten Atlantologen die Vermutung geäußert haben, daß diese Unterwasser-»Straßen« nach Atlantis führen, ist anzunehmen, daß sie der Weg zu gallischen Siedlungen waren, die irgendwann im Meer versanken, denn die französische Küste ist seit der Besiedelung des Landes beträchtlich zurückgewichen. In übertragenem Sinn kann man jedoch sagen, daß diese »Straßen« tatsächlich nach Atlantis führen, denn sie weisen den Weg zu den Orten der Erinnerung und lenken die Gedanken zu den auf dem Meeresgrund ruhenden versunkenen Ländern.

Falls Atlantis tatsächlich einst existierte und dieses Inselreich in seiner Gesamtheit vernichtet wurde, warum hat man dann nicht mehr und gründlichere Suchaktionen organisiert? Vielleicht erschien es den damals lebenden Menschen wirklich so, als wären sie mit knapper Not dem Weltuntergang entronnen und müßten es unter allen Umständen vermeiden, sich in den Atlantik hinauszuwagen.

Soviel wir heute wissen, waren die Phönizier — die einige Atlantologen für die Nachkommen der Überlebenden von Atlantis halten — und ihre Nachfahren, die Karthager, die einzigen unter den seefahrenden Völkern des Altertums, die an Gibraltar vorbei in den Atlantik hinaussegelten. Diese Seefahrer taten alles, um ihre gewinnbringenden Handelsrouten geheimzuhalten und die Römer und andere Mittelmeervölker davon abzuhalten, sich in ihre Handelsbeziehungen zu drängen. Sie waren nur allzu bereit, Platos Bericht zu bestätigen, nach dem » . . . man das Meer dort jetzt nicht mehr befahren und durchforschen [kann], weil hochaufgehäufte Massen von Schlamm, die durch den Untergang der Insel entstanden sind, es unmöglich machen«.

Der Karthageradmiral Himilkon soll laut dem Dichter Avienus im Jahr 500 v. Chr. eine Seereise im Atlantik folgendermaßen geschildert haben: »... Keine Brise treibt das Schiff vorwärts, so still ist die dicke Luft dieses bewegungslosen Meeres ... so viele Algen treiben auf den Wellen und halten das Schiff wie Gestrüpp zurück ... das Meer ist nicht sehr tief, die Oberfläche der Erde ist nur von wenig Wasser bedeckt ... die Ungeheuer der See schwimmen herum, und gewaltige Monstren bewegen sich zwischen den träge und langsam dahintreibenden Schiffen ...«

Ein anderer Bericht über Atlantis stammt von Pausanias und findet sich in seiner *Beschreibung Griechenlands,* in der er Euphemos den Karianer (Phönizier) zitiert. Euphemos' Bericht schreckte jeden vor dem Wagnis einer Seefahrt auf dem Atlantik ab — vor allem aber die Frauen:

»Auf einer Seereise nach Italien wurde er von Winden von seinem Kurs abgetrieben und in das äußere Meer hinausgetragen, jenseits der Wege der Seefahrer. Er bezeugte, daß es dort viele unbewohnte Inseln gäbe, während auf anderen wilde Männer lebten ... Die Inseln würden von den Seeleuten die Satyriden genannt, und die Bewohner seien rothaarig und hätten auf ihren Flanken Schwänze nicht viel kleiner als jene von Pferden. Sowie sie ihre Besucher erblickten, rannten sie, ohne einen Schrei auszustoßen, zu dem Schiff herunter und fielen über die Frauen im Schiff her. Zuletzt warfen die Seeleute in [ihrer] Angst eine fremde Frau auf die Insel. Die Satyre schändeten sie nicht nur auf die übliche Weise, sondern auch auf die obszönste Art ...«

Ein anderer aufsehenerregender Vorfall trug viel dazu bei, die Griechen abzuhalten, den Ozean zu erkunden. Alexander der Große schickte nach der Eroberung von Tyre in Phönizien eine Flotte auf das »in Wahrheit so heißende Meer« hinaus, um weitere phönizische Städte oder Siedlungen zu erobern, die möglicherweise jenseits des Mittelmeers lagen. Die Flotte segelte auf den Ozean hinaus ... und ward nicht mehr gesehn.

Die Karthager taten ihr Äußerstes, um ihre Handelsrouten im Atlantik vor den Griechen und Ägyptern, ganz besonders aber vor den Römern, geheimzuhalten. Wenn Schauergeschichten ihre Rivalen nicht abschreckten, nahmen die Karthager häufig Zuflucht zu drastischeren Mitteln. Es gibt historische Berichte, daß Karthager ihre Schiffe versenkten, um ihr Ziel nicht zu verraten, wenn ihnen jenseits von Gibraltar römische Schiffe auf das offene Meer hinaus folgten. Bei anderen Gelegenheiten lösten sie das Problem der Geheimhaltung ihrer Handelswege auf dem Atlantik, indem sie das verfolgende Schiff angriffen und mit der gesamten Besatzung versenkten.

Unter den von den Karthagern im Atlantik besuchten Ländern befand sich auch, wie Aristoteles berichtet, die Insel Antilia, deren Name an Atlantis erinnert. Die Karthager waren dermaßen bestrebt, die Existenz dieser Insel geheimzuhalten, daß die bloße Erwähnung ihres Namens bei Todesstrafe verboten war. Man nimmt an, daß die Karthager Tartessos eroberten, eine reiche Stadt mit einer hochentwickelten Kultur, die an der Mündung des Guadalquivir an der Westküste Spaniens lag und vielleicht das von Hesekiel in der Bibel erwähnte Tarschisch oder Tharsis ist, über das der Prophet sagt: »Tharsis hat mit dir seinen Handel gehabt und allerlei Ware, Silber, Eisen, Zinn und Blei auf deine Märkte gebracht.« (Hesekiel 27, 12.) Auf jeden Fall verschwand es im 6. Jh. v. Chr., und mit ihm seine gesamte Kultur. Falls Tartessos, wie von manchen angenommen, eine Kolonie von Atlantis war, bildet die Vernichtung dieser Stadt, in der es 6000 Jahre zurückreichende schriftliche Berichte gegeben haben soll, möglicherweise ein weiteres verlorengegangenes Bindeglied zu Atlantis und den uns daran verbliebenen Erinnerungen.

Die Völker östlich des Atlantiks berichten in ihren Mythen über versunkene Länder und Inseln von Namen, die manchmal an Atlantis erinnern, manchmal aber auch ganz anders lauten, wie St. Brendans Insel und Brasilien; häufig wird ein solches Land ganz einfach als »die grüne Insel unter den Wellen« bezeichnet. Man glaubte so fest an die Existenz der St. Brendans Insel, daß im Mittelalter ein halbes Dutzend Expeditionen auf die Suche nach dieser Insel gingen und die Aufteilung ihres Gebietes bereits schriftlich festgelegt war.

Antilla — derselbe Name, falls nicht sogar dieselbe Insel, welche die Karthager als ein so strenges Geheimnis hüteten — wurde von den hispanischen Völkern für einen Zufluchtsort vor den Mauren gehalten. Sie glaubten, daß die den Mauren entkommenen Flüchtlinge unter Anführung eines Bischofs gen Westen segelten und wohlbehalten die Insel Antilla erreichten, auf der sie sieben Städte gründeten. Auf alten Karten ist Antilla gewöhnlich mitten im Atlantischen Ozean eingezeichnet.

Die Bemühungen der Phönizier und Karthager, die anderen seefahrenden Völker vom Atlantik fernzuhalten, hatten zur Folge, daß er weiterhin als verderbenbringendes Meer galt. Die Menschheit vergaß jedoch nie die Glücklichen Inseln und die anderen »versunkenen Länder«. Sie tauchten immer wieder auf präkolumbischen Weltkarten auf — manchmal vor der spanischen Küste oder auch am westlichen Rand der Welt ... Atlantis, Antilla, die Hesperiden und die »anderen Inseln«; wie Plato sagte: »... konnte man damals noch nach den anderen Inseln hinüberfahren und von den Inseln auf das ganze gegenüberliegende Festland, das jenes in Wahrheit so heißende Meer umschließt.«

Während die Menschheit sich durch ihre Legenden an Atlantis erinnert, scheinen manche Tiere — Vögel und Meerestiere — gleichfalls eine instinktive Erinnerung (eine ererbte Nostophylie) daran bewahrt zu haben. Jedesmal, wenn die enorme Vermehrung der Lemminge die Nahrungsversorgung dieser skandinavischen Wühlmäuse gefährdet, strömen sie in großen Scharen zusammen, wandern durch das Land und überqueren die Flüsse auf ihrem Weg, bis sie an das Meer gelangen. Dort stürzen sie sich in das Wasser und schwimmen westwärts, bis sie schließlich ertrinken. Die örtlichen alten Legenden bestätigen die Vermutung, die Atlantologen selbstverständlich aufstellen würden — daß die Lemminge, wenn die Nahrung in ihrer Heimat nicht mehr ausreichend ist, zu einem Land zu schwimmen versuchen, das es früher dort im Westen gab.

Ein sogar noch erstaunlicheres Verhalten, das vielleicht ebenfalls durch eine instinktive Erinnerung ausgelöst wird, hat man bei verschiedenen Zugvögeln beobachtet, die jedes Jahr von Europa nach Südamerika fliegen. Wenn sich die Vogelschwärme über dem Atlantik den Azoren nähern, beginnen sie in weiten konzentrischen Kreisen zu fliegen, ganz so, als suchten sie Land, auf dem sie sich ausruhen könnten. Nach ihrem vergeblichen Kreisen schwenken sie dann wieder auf ihren Kurs ein und fliegen weiter; sie wiederholen jedoch auf ihrem Rückflug dasselbe Manöver in demselben Gebiet. Ob die Vögel nun Land oder Nahrung suchen oder beides, hat man noch nicht feststellen können. Das Interessanteste an diesen Berichten ist, daß der Mensch das Verhalten der Vögel durch eine Überzeugung motiviert, die er selbst hegt, eine Betrachtungsweise, die jenen Zeiten der Legende ebenbürtig ist, in denen Menschen und Tiere miteinander sprachen.

Eine andere Tierart legt, wenn auch keinen schlüssigen Beweis, so doch ein noch verblüffenderes Verhalten an den Tag, das sich nur durch eine instruktive Rückerinnerung erklären läßt: die europäischen Aale. Merkwürdigerweise ist Aristoteles, der nicht an Platos Atlantis-Schilderung glaubte, indirekt mit in dieses Phänomen verwickelt, das häufig als Beweis für die tatsächliche einstige Existenz von Atlantis angeführt wird.

Aristoteles, der sich für alle Naturphänomene interessierte, war der erste Naturforscher, der die Frage nach der Art der Vermehrung der Aale stellte. Wo laichen sie? Anscheinend irgendwo im Meer, denn die europäischen Aale verlassen alle zwei Jahre ihre Gewässer und ziehen die großen Flüsse hinunter, die in das Meer münden. Dies war alles, was man über die Vermehrung der Aale wußte, seit Aristoteles vor über zweitausend Jahren als erster die Frage stellte. Erst in den letzten zwanzig Jahren gelang es, sich Gewißheit über die Laichgründe der Aale zu verschaffen. Das Gebiet, in das sie all diese Jahrhunderte zogen, ist die Sargasso-See — ein Algenmeer im Nordatlantischen Becken rings um die Bermuda-Inseln, etwa halb so groß wie die Vereinigten Staaten.

Man hat den Zug der riesigen Aalschwärme durch den Atlantik an den sie begleitenden Möwen und Haifischen verfolgen können, die sich diese bequeme Nahrungsquelle nicht entgehen lassen. Die Aale brauchen für die Überquerung des Atlantiks mehr als vier Monate. Nachdem sie in der Sargasso-See in einer Tiefe von über fünfhundert Meter gelaicht haben, sterben die Weibchen, während die jungen Aale die weite Wanderung zurück nach Europa antreten, aus dem sie nach zwei Jahren wieder zu der Sargasso-See aufbrechen.

Man hat die Vermutung geäußert, daß diese Wanderung der Aale sich durch einen Laichinstinkt erklären läßt, der sie zu ihrer Urheimat zurücktreibt, die vielleicht die Mündung eines großen Flusses war, der durch Atlantis floß, so wie der Mississippi durch die Vereinigten Staaten fließt, bevor er das Meer erreicht.

Man kann diesen Laichinstinkt der Aale, was den Schwierigkeitsgrad seiner Erfüllung betrifft, mit dem des Alaska-Lachses vergleichen, der sich seinen Weg über Stromschnellen und Dämme flußaufwärts erkämpfen muß, während der Aal dem Verlauf eines Stromes folgen muß, den es nicht mehr gibt, der jedoch einst durch einen Kontinent floß, der vor vielen Jahrtausenden im Meer versank.

Die Sargasso-See ist verschiedentlich als das Gebiet des einstigen Atlantis oder als das westliche Meer von Atlantis bezeichnet worden. Eine Untersuchung des Meeresbodens würde vielleicht für beides sprechen, da ein Teil der Sargasso-See sich über den gewaltigen Tiefen des Hatteras- und Nares-Tiefs erstreckt, während ein anderer Teil die Bermuda-Schwelle, jenes große Plateau mit seinen Inseln und abgeflachten unterseeischen Bergen, den »sea-mounts«, bedeckt.

Die Phönizier und Karthager berichteten, daß der Seetang im Atlantik stellenweise so dicht sei, daß die Ruder der Galeeren sich in ihm verfingen und er die Schiffe festhalte. Falls sie damit die heutige Sargasso-See meinten, müssen sie in der Tat sehr weit gesegelt sein. Da der Seetang in der Sargasso-See aber nicht dicht genug ist, um ein Schiff festzuhalten, benutzten die

Phönizier diese Geschichte wahrscheinlich nur als ein weiteres Abschreckungsmittel, um ihre Rivalen zu entmutigen.

Doch wie dem auch sei, die Sargasso-See als solche — und ganz besonders ihre geographische Lage — ist ein faszinierendes Thema für alle möglichen Spekulationen, ob ihr Seetang nun ein Überrest der einstigen atlantischen Vegetation ist oder nicht.

5

In den Tiefen des Ozeans

Warum untersuchen wir nicht — soweit uns das möglich ist — den Meeresboden in dem Gebiet, in dem man das einstige Atlantis vermutet, um festzustellen, ob es tatsächlich einmal existiert hat?

Ignatius Donnelly hat mit seinem bereits erwähnten Werk *Atlantis, die vorsintflutliche Welt* viel zur Wiederbelebung des allgemeinen Interesses an Atlantis beigetragen. Sein Bericht über die Beschaffenheit des Meeresbodens basiert auf den Kenntnissen seiner Zeit — der achtziger Jahre des vergangenen Jahrhunderts — und ist unter dem Gesichtspunkt seiner eigenen Studien über Atlantis geschrieben. Er formulierte seine Ansichten zu diesem Thema mit beachtlichem Nachdruck und einer Überzeugungskraft, die keinen Zweifel zuließen.

Angenommen wir fänden inmitten des Atlantischen Oceans, vor den Ausgang des Mittelländischen Meeres gelagert, in der Nachbarschaft der Azoren die Überreste einer riesigen, in das Meer hinabgesunkenen Insel, 1000 Meilen breit, 2000—3000 Meilen lang — würde auch das noch nicht ausreichen, um die Behauptung des Plato zu bestätigen, es hätte »außerhalb der Straße, an der man die Säulen des Herakles findet, einst eine Insel gegeben, größer als Kleinasien und Libyen zusammengenommen, die man Atlantis nannte«? Und angenommen, unsere Forschungen würden die Bestätigung bringen, daß die Azoren die Berggipfel dieser versunkenen Insel bilden und sich von ungeheuren vulkanischen Ausbrüchen zerrissen und zerklüftet erweisen, während rings im Umkreise große Schichten Lava sich vorfinden und die ganze Oberfläche Tausende von Meilen weit mit vulkanischen Trümmern bedeckt wäre — würden das nicht sehr laut sprechende Beweise für die Wahrheit der Erzählung des Plato bilden, wenn er sagt, daß »in einem Tage und einer schicksalsschweren Nacht fürchterliche Erdbeben und Überschwemmungen über die Insel hereinbrachen, die Land und Volk vertilgten? Atlantis verschwand unter der Meeresfläche; und von der großen Menge aufgeweichter Erde, welche die versinkende Insel zurückließ, wurde die See unnahbar.«

Nun denn: alle diese Annahmen hat die neuere Forschung vollauf bestätigt! Die Schiffe verschiedener Nationen haben sich mit Tiefsee-Forschungen über diese Angelegenheit beschäftigt. Das amerikanische Schiff *Dolphin,* die deutsche Fregatte *Gazelle* und die englischen Schiffe *Hydra, Porcupine* und *Challenger* haben den Meeresgrund des Atlantischen Oceans kartographisch aufgenommen, und das Resultat dieser Aufnahme besteht darin, daß man eine ausgedehnte Bodenerhebung fand, die von den Küsten der Britischen Inseln südwärts bis zum Cap Orange an der Küste Süd-Amerikas sich erstreckt, von da südostwärts bis zur afrikanischen Küste abspringt und von da wieder südwärts bis zur Insel Tristan d'Acunha verläuft. Diese Bodenerhebung steigt durchschnittlich bis zu 9000 Fuß über die großen atlantischen Tiefen in der unmittelbaren Nachbarschaft empor, und in den Azoren, den St. Pauls Felsen, Ascension und Tristan d'Acunha erreicht sie die Oberfläche des Meeres . . .

Hier denn haben wir also das Rückgrat jenes antiken Kontinents gefunden, der einst den ganzen Atlantischen Ocean ausfüllte, und aus dessen Trümmern Europa und Amerika sich aufbauten. Die tiefsten Stellen, 3500 Faden tief, sind jene Teile, welche zuerst untergingen, also die Ebenen, welche östlich und westlich vor der zentralen Gebirgskette lagen und von welcher Bergkette noch heutigentags die Azoren, St. Paul, Ascension und Tristan d'Acunha als höchste Berge

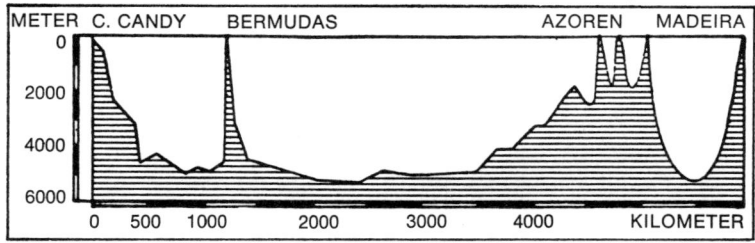

Donnellys graphische Darstellung des Meeresbodens mit seinen Erhebungen von den Bermudas bis zur Insel Madeira.

über dem Wasserspiegel hervorragen; während die eigentliche Hauptmasse von Atlantis nur einige hundert Faden unter dem Meeresspiegel liegt. In diesen »Verbindungsplateaus« erkennen wir die Landstraße wieder, die einst die alte und neue Welt verband und auf deren Boden Tiere wie Pflanzen von einem Festland zum andern ungehindert hin und her wandeln konnten; auf derselben Straße fand auch, wie wir später sehen werden, der Neger seinen Weg von Afrika nach Amerika und der rote Mann den seinigen umgekehrt nach Afrika.

Dieselbe Grundkraft, welche einst den Atlantischen Kontinent nach und nach in das Meer hinabdrückte und die Länder im Osten und Westen dafür emporhob, sie ist auch jetzt noch an der Arbeit. Die Küste von Grönland, das man als den nördlichen Ausläufer des ehemaligen atlantischen Kontinents betrachten kann, sinkt so wahrnehmbar schnell, daß alte Gebäude auf niedrigen Festlandinseln jetzt schon unter Wasser stehen, und der Grönländer hat durch solche Erfahrungen gelernt, sein Haus niemals an das Wasser zu bauen. Dieselbe Erscheinung macht sich auch an der Küste von Süd-Carolina und Georgia bemerkbar, während der Norden Europas sowie auch die atlantische Küste Südamerikas im schnellen Emporsteigen begriffen ist. Längs der letzteren findet man Küstenstrecken, die ehemals Uferland waren, in einer Länge von 1180 Meilen und von 1000 bis 1300 Fuß Höhe.

71

Als die obenerwähnten »Verbindungsplateaus« sich noch über Wasser befanden und sich von Amerika nach Afrika und Europa hinzogen, schlossen sie auch den Zufluß der tropischen Meeresströmungen nach dem Nord-Atlantischen Ocean hin ab, und es gab damals noch keinen »Golfstrom«; der landabgeschlossene Ocean, der die Küsten Nord-Europas bespülte, war bitter kalt, und die Folge davon war die Vereisung des Landes. Als aber dann diese Flut-Dämme von Atlantis tief genug untergesunken waren, um den erwärmten Wassern der Tropen freien Durchlaß nach Norden hin zu gewähren, da verschwand auch nach und nach Schnee und Eis, die Europa bis dahin bedeckt hielten; der Golfstrom umspülte Atlantis, ja er zeigt an jener Stelle noch heute jene kreisförmige Bewegung, die ihm früher durch die Gegenwart jener Insel aufgenötigt war.

Die Forscher der *Challenger* fanden das ganze unterseeische Plateau von Atlantis mit vulkanischen Abfällen bedeckt; diese bilden den niedergeschlagenen Bodensatz, welcher nach Platos Bericht die See nach Zerstörung der Insel unbefahrbar machte.

Es ist nicht gerade notwendig, daß jene Landzungen, welche Amerika und Afrika verbanden, erst nach der Zeit, als Atlantis schon völlig vom Wasser umgeben war, entstanden sein müssen; sie mögen stückweise oder nach und nach in das Meer hinabgesunken sein oder auch durch Erschütterungen zerstört worden sein, wie sie die centralamerikanischen Schriften erwähnen. Das Atlantis des Plato mag auf den ungefähren Umfang des *Dolphin Plateaus* beschränkt gewesen sein.

Die amerikanische Schaluppe *Gettysburg* entdeckte gelegentlich einer Reise 120 Meilen vom Cap St. Vincent in Portugal entfernt einige Meeresbänke, die, in Verbindung mit früheren Forschungen in diesen Gewässern, das Dasein eines unterirdischen Plateaus nachweisen, das ehemals Portugal mit der Insel Madeira verband. Diese Tiefseemessungen enthüllten ferner das Dasein eines 2000—3000 Faden tiefen Kanales, der sich von Madeira nordöstlich längs der afrikanischen Küste bis nach Portugal hinzieht. In einer Entfernung von 159 Meilen von Gibraltar verminderte sich die Meerestiefe zwischen wenigen Meilen von 2700 auf 1600 Faden, und fernere Messungen ergaben in Zwischenräumen von fünf Meilen: 900, 500, 400 und 100 Faden, bis man schließlich auf eine Tiefe von nur 32 Faden traf, in der das Schiff bequem ankerte. Der Meeresboden bestand aus lebender Koralle. Diese Erhebungen müssen früher jedenfalls Inseln gewesen sein und bildeten als solche sozusagen die Meilensteine zwischen Atlantis und Europa. Tiefseetiere, die man mittels Bagger-Maschinen an der brasilianischen Küste aushob, erwiesen sich als zu ähnlichen Gattungen gehörig als die, welche sich an der Westküste Südeuropas vorfinden. Die Forscher der *Challenger* sind durch ihre Tiefseemessungen ebenfalls zu der Überzeugung gelangt, daß das gesunde große unterseeische Plateau den Überrest des versunkenen »Atlantis« bildet.

Donnelly wußte, als er das Vorstehende schrieb, nichts von den späteren Entwicklungen auf diesem Gebiet; sonst wäre er noch fester von seinen Ideen überzeugt gewesen — falls eine Steigerung überhaupt noch möglich war.

Seit Donnellys Zeiten ist der Meeresboden durch die modernen Techniken der Unterwasserforschung um vieles genauer untersucht worden. Dabei hat man auch einige eigenartige Tatsachen über den Kontinentalsockel zu beiden Seiten des Atlantiks entdeckt.

Der Kontinentalsockel ist jenes Land vor der Küste, das geologisch noch zum Kontinent gehört, bevor er in die Tiefen des Meeres abfällt und in die sogenannte Tiefebene übergeht. Wie eine Untersuchung der Kontinentalsockel zeigte, führen die Betten jener Flüsse, die in den Atlantik münden, auf dem Meeresboden weiter hinaus. Manchmal bilden sie dabei tiefe Schluchten, wie sie auf dem Festland durch die Erosion in Felsen hervorgerufen werden. Man hat dies bei französischen, spanischen, nordafrikanischen und amerikanischen Flüssen, die in den Atlantik münden, feststellen können; ihre Flußbetten führen auf dem Meeresboden bis in eine Tiefe von 2,3 Kilometer hinaus. Besonders interessant ist das beim Hudson, dessen Cañon sich durch unterseeische Klippen fast 300 Kilometer weit bis zum Rand des Kontinentalsockels fortsetzt. Dies scheint darauf hinzuweisen, daß diese Flußbetten, die heutzutage in einer Wassertiefe von mehreren tausend Fuß verlaufen, zu einer Zeit entstanden, als dieser Teil des Kontinentalsockels trockenes Land war, wie auch darauf, daß sich das Land entweder gesenkt hat oder aber der Meeresspiegel gestiegen ist.

Eine Studie der Amerikanischen Geologischen Gesellschaft (1936) über diese versunkenen Fluß-Cañons erklärt, daß ein derartiges »weltweites Absinken und Steigen des Meeresspiegels ... von fast 3000 Meter ... seit dem letzten Tertiär stattgefunden haben muß ...« Also im Pleistozän, dem Diluvium — dem Zeitalter des Menschen.

Eine weitere ungewöhnliche Entdeckung war das Zufallsergebnis eines Kabelbruchs. Im Jahr 1898 wurde 750 Kilometer nördlich der Azoren das Transatlantikkabel verlegt. Als es brach, stellte man während der Suche fest, daß der Meeresgrund in diesem Gebiet aus zerklüfteten Gebirgen, Berggipfeln und tiefen Tälern bestand und mehr einer Landschaft über Wasser als dem Boden des Ozeans glich. Enterhaken brachten aus einer Tiefe von 1700 Faden Felsproben herauf, die sich als Tachylyt erwiesen, eine glasig ausgebildete, basaltartige Lava, die sich ü b e r Wasser unter atmosphärischem Druck bildet.

Pierre Ternier, ein französischer Geologe, der diesen Vorfall eingehend untersuchte, behauptete, daß die Lava kristallin und nicht glasig sein müßte, wäre sie unter Wasser erstarrt. Er stellte außerdem die Vermutung auf, daß die Lava kurz nach ihrem Erkalten unter Wasser geriet, worauf die verhältnismäßig scharfen Kanten der Gesteinsproben hinwiesen. Da Lava sich in etwa 15 000 Jahren zersetzt, fügt sich die Tatsache, daß das Tachylyt auf dem Meeresgrund gemäß den Proben sich noch nicht zersetzt hatte und anscheinend über Wasser erkaltet war, nahtlos in die Atlantis-Theorie ein — und das sogar hinsichtlich des von Plato angegebenen Zeitpunktes der Katastrophe.

Ternier erklärt ferner, daß » . . . das gesamte Gebiet nördlich der Azoren und vielleicht sogar das Gebiet der Azoren selbst, von dem die Inseln möglicherweise nur noch die sichtbaren, das Wasser überragenden Überreste sind, vor sehr kurzer Zeit überflutet wurde, wahrscheinlich in der Epoche, welche die Geologen die Gegenwart nennen«. Und er rät, den Meeresboden » . . . südlich und südwestlich dieser Inseln sehr genau zu untersuchen«. Ein weiteres bisher fehlendes Stück des Puzzles bildet der Küstensand auf den Riffen um die Azoren, in einer Tiefe von manchmal mehreren tausend Meter. Küstensand findet man aber an Stränden und in flachem Wasser, da er durch die Brandung an den Küstensträndern entsteht, weshalb man ihn normalerweise nicht in großen Tiefen antrifft.

Was wissen wir heute, viele Jahre nach Donnellys und Terniers Lebzeiten und um viele Erfindungen reicher, über den Boden des Atlantischen Ozeans? Sehr viel mehr, und zwar dank Sonar, Unterwasser-Explosionstriangulation und Tiefseeforschung. Die Becken, Plateaus, Bänke, Cañons, Rücken, tiefen Gräben, Bergkegel und die geheimnisvollen »sea-mounts« sind ebenso auf Karten eingezeichnet wie die über die Wasserfläche ragenden Inseln, obwohl manchmal eine neue vulkanische Insel aus dem Meer auftaucht und wieder versinkt, bevor noch ein Land einen Besitzanspruch anmelden kann.

Wir besitzen zum Beispiel eine sehr genaue Karte vom Delphin-Rücken, den man im allgemeinen den Mittelatlantischen Rücken nennt und der sich in Form von zwei riesigen, übereinandergesetzten S von Island bis zur Südspitze Südamerikas erstreckt. Dieser Rücken — oder dieses Plateau — mit unterseeischen Gebirgen, der auf beiden Seiten in die Tiefebenen abfällt, wird in der ersten Krümmung des obersten S zwischen Spanien, Nordafrika und den Bermudas ziemlich breit. Vor der Spitze Brasiliens südlich des Äquators, wo die Romanche-Tiefe ihn durchzieht, wird er schmal, um sich dann zwischen dem südlichen Brasilien und Afrika wieder zu verbreitern. Das Auffallende am Mittelatlantischen Rücken ist die Tatsache, daß er

in seinem Verlauf der östlichen Küstenlinie Nord- und Südamerikas folgt, als wäre er ein schmales Gegenstück des amerikanischen Kontinents auf dem Meeresboden.

Wenn wir uns die Tiefen um die Azoren ansehen, stellen wir
fest, daß die Inseln, obwohl sie als solche steil vom Meeresgrund aufsteigen, auf einer Art doppeltem Plateau liegen. Das
Basis-Plateau erstreckt sich von ungefähr 30° zu 50° nördlicher
Breite, das höhere Plateau von etwa 36° zu 42°, auf einer Breite
von etwa 750 Kilometer. Der Höhenunterschied von der Tiefebene zum Basis-Plateau variiert zwischen 1000 und 500 Faden.
Wenn also die Tiefebene zum Beispiel in einer Wassertiefe
von 2400 Faden verläuft, dann liegt der Rücken vielleicht bei
1800 Faden, es sei denn, ein unterseeischer Berg oder »sea-
mount« steigt bis zu 400 Faden oder weniger unter die Oberfläche empor oder ragt in Form einer Insel aus ihr hervor, wie
die Azoren. Das zweite Plateau ist noch erstaunlicher in seinen
Höhenverhältnissen, steigt es doch von 1420 zu 400 Faden auf,
von 1850 zu 300 Faden und von 1100 zu 630 Faden. In diesem
Zusammenhang ist es interessant zu erwähnen, daß einige Atlantis-Forscher die Vermutung äußerten, der atlantische Kontinent sei in Etappen versunken, etwa in drei Schüben. Die dop-
pelschichtige Plateau-Formation unter den Azoren scheint für
diese Theorie zu sprechen.

Südlich der Azoren finden wir in geringer Tiefe einige mächtige »sea-mounts«, von denen man zweien so sinnvolle Namen
wie »Plato« (in 205 Faden Tiefe) und »Atlantis« (in 145 Faden
Tiefe) verliehen hat.

Der Bruch des Transatlantischen Kabels, der zur Jahrhundert-
wende einen solchen Aufruhr in die Studien über Atlantis
brachte, ereignete sich östlich des Altair-»sea-mounts«. Untersuchungen jüngeren Datums über die Bodenbeschaffenheit dieses
Rückens lassen eine Reihe neuer Vermutungen zu.

Bodenproben oder »Kerne«, die im Jahr 1957 entnommen
wurden, brachten Süßwasserpflanzen zutage, die in einer Tiefe
von fast drei Kilometer auf sedimentärem Boden wuchsen. Eine
Untersuchung des in der Romanche-Tiefe gefundenen Sandes

legte die Schlußfolgerung nahe, daß dieser Sand durch die Brandung entstanden war, und zwar an Teilen des Rückens, die einst über die Wasserfläche ragten.

Mehr als 1500 Kilometer westlich von diesem bergigen Plateau stoßen wir auf die unterseeische Bermuda-Schwelle, die in den Bermuda-Inseln gipfelt, welche die Spitzen eines gewaltigen unterseeischen Gebirges darstellen. Hydrographische Vermessungen der Amerikanischen Geodätischen Gesellschaft auf dem amerikanischen Kontinentalsockel vor der Straße von Florida ergaben 130-Meter-Vertiefungen entlang einem 170-Meter-Boden, »die vermutlich Süßwasserseen in Gebieten waren, die ins Meer sanken«.

Genau östlich des Azoren-Plateaus stoßen wir auf den Azoren-Gibraltar-Rücken (mit so geringen Wassertiefen wie 40 und 80 Faden), an den sich weiter südlich entlang der afrikanischen Küste in verhältnismäßig geringer Tiefe (ebenfalls zwischen 40 und 80 Faden) eine weitere Reihe von Berggipfeln und »seamounts« anschließt, zu der Madeira und die Kanarischen Inseln gehören. Die Kapverdischen Inseln vor Dakar stehen für sich allein und sind mit keinem anderen Plateau verbunden.

Wenn wir die uns jetzt bekannten Fakten über die Bodenbeschaffenheit des Atlantiks betrachten, drängen sich einem viele der Theorien über einstige »Landbrücken« zwischen der Alten und der Neuen Welt auf. Der europäische Kontinentalsockel ist zum Beispiel durch unterseeische Plateaus mit Island und dieses wiederum durch die Grönland-Island-Schwelle mit Grönland verbunden. Im mittleren Atlantik führen der Azoren-Gibraltar-Rücken zum Azoren-Plateau und ein Teil des Mittelatlantischen Rückens fast bis zu den Bermudas, während ein anderer, kleinerer Rücken in Richtung auf die Antillen verläuft und in den tiefsten Teil des Atlantischen Ozeans, den Portorikograben, abfällt.

Zu den anderen möglichen ehemaligen Landverbindungen im Südatlantik wäre die von Afrika nach Südamerika hinüberführende Sierra-Leone-Schwelle zu nennen; ferner der Mittelatlantische Rücken mit den St. Peter und Paul Felsen sowie der

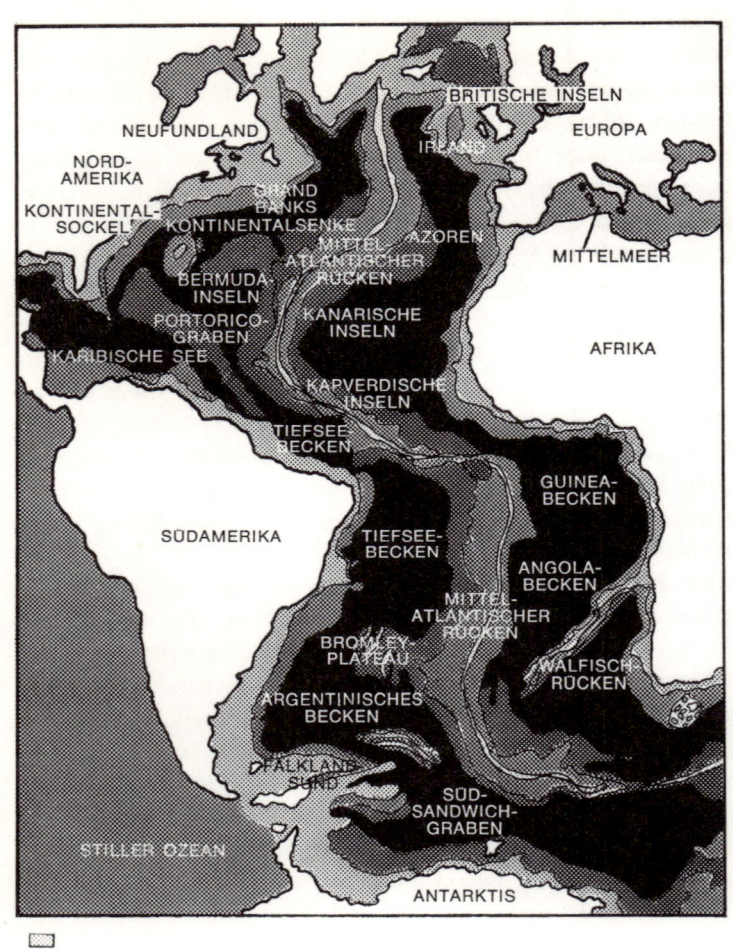

Je dunkler der Ton, desto größer die Tiefe.

Weiße Flächen geben das Land über Wasser an.

Die Bodenvertiefungen und -erhebungen des Atlantischen Ozeans.

78

Walfisch-Rücken, der von Südafrika nach Brasilien verläuft und den Mittelatlantischen Rücken bei Martin Vaz und Trinidad überquert, die Rio-Grande-Schwelle und das Bromley-Plateau.

Auf Grund der durch vulkanische Tätigkeit verursachten ungeheuren Veränderungen der Bodenbeschaffenheit des Atlantiks erscheinen solche einstigen Landverbindungen in Form von Landbrücken oder Inseln zwischen der Alten und Neuen Welt nicht ausgeschlossen, sie würden viele eigenartige Parallelen in der Flora und Fauna erklären — so die Tatsache, daß es in Amerika in prähistorischer Zeit Elefanten, Kamele und Pferde gab.

1969 machte eine Forschungsgruppe der Duke University bei ihren Untersuchungen des Meeresbodens der Karibik eine wichtige geologische Entdeckung, die für die Theorie versunkener Kontinente spricht. Entlang dem Aves-Rücken, der von Venezuela zu den Jungferninseln verläuft, wurde an fünfzig verschiedenen Stellen Granitgestein heraufgeholt. Dieses säurehaltige Eruptivgestein findet man normalerweise nur auf den Kontinenten oder aber dort, wo früher Land war. Dr. Bruce Heezen, ein hervorragender Ozeanograph, erklärte in diesem Zusammenhang: »Bis heute glaubten die Geologen ganz allgemein, daß helle Granite oder säurehaltige Eruptivgesteine auf die Kontinente beschränkt seien und daß die unter dem Meeresspiegel liegende Erdkruste aus schwerem, dunkelgefärbtem Basaltgestein bestehe... Das Vorhandensein hellgetönter Granitfelsen könnte also die alte Theorie untermauern, nach der in früheren Zeiten in der Ostkaribischen Region eine Landmasse existierte und diese Felsen das Innere eines versunkenen und verlorenen Kontinents darstellen.«

Der Atlantik ist eines der geologisch unstabilsten Gebiete der Erdoberfläche. Er ist im Laufe der Jahrhunderte immer wieder durch vulkanische Störungen erschüttert und verändert worden — und wird das auch heute noch. Die vulkanische Verwerfung verläuft von Island, wo 1783 ein Fünftel der gesamten Bevölkerung einem Erdbeben zum Opfer fiel, den Atlantischen Rücken entlang bis zu seiner Südspitze.

Auf Island kommt es auch heute noch zu heftiger vulkanischer Tätigkeit. So entstand Surtsey, eine neue, der Südwestküste Islands 30 Kilometer vorgelagerte Insel, in einem spektakulären Unterwasserausbruch, der sich ohne Unterbrechung von November 1963 bis Juni 1966 hinzog. Die erstarrende Lava türmte sich zu einer Insel auf, die immer noch weiterwächst und eine Vegetation entwickelt. Seit dem Auftauchen von Surtsey haben sich noch zwei weitere Inseln gebildet. Genauso, wie Plato es von Atlantis beschreibt, besitzt Island heiße Quellen, die von derart starken unterirdischen Thermalkräften gespeist werden, daß man sie für die Heizung von Reykjavik benutzt.

Wir besitzen zahlreiche historisch belegte Berichte über Erdbeben in Irland. Im Jahr 1775 wurde Lissabon, das auf einer Linie mit den Azoren liegt, durch ein furchtbares Erdbeben verwüstet, in dem innerhalb weniger Minuten 60 000 Menschen umkamen, der Hafenkai absank und die Dock- und Hafenanlagen 200 Meter tief unter Wasser absackten.

Das Gebiet der Azoren mit seinen fünf aktiven Vulkanen wird von ständigen Ausbrüchen heimgesucht. Im Jahr 1808 stieg ein Vulkan in San Jorge zu einer Höhe von mehreren tausend Meter empor, und 1811 tauchte eine große vulkanische Insel aus dem Meer auf, die während ihrer kurzen Überwasserexistenz Sambrina genannt wurde, ehe sie wieder in die Tiefe sank. Die beiden Azoreninseln Corvo und Flores, die seit 1351 auf den Karten eingezeichnet sind, haben ständig ihre Gestalt verändert; von Corvo sind sogar große Teile wieder im Meer verschwunden.

Die Kanarischen Inseln, deren Hauptvulkan, der Pico de Teyde, zum letztenmal 1909 ausbrach, haben eine hohe Quote an vulkanischen Störungen. Im Jahr 1692 versank der größte Teil von Port Royal durch ein gewaltiges Erdbeben, und mit ihm die Piraten, welche die Stadt als Zufluchtsort, Handelsmarkt und Hauptquartier benutzten. Dieser Untergang einer sündigen Stadt, noch dazu in demselben Ozean, in dem nach der Legende Atlantis »durch göttlichen Unmut« versank, mutet wie eine eigenartige Wiederholung an.

In der Karibik kam es innerhalb der vulkanischen Zone des Atlantiks zu einem noch heftigeren Erdbeben, als der Mont Pelée auf Martinique 1902 mit solcher Gewalt ausbrach, daß alle Bewohner der benachbarten Stadt St. Pierre bis auf einen einzigen umkamen. (Ein moderner Noah?)

1931 entstanden auf der Inselgruppe Fernando Noronha infolge vulkanischer Tätigkeit zwei neue Inseln, die Großbritannien sofort als sein Eigentum erklärte, obwohl mehrere der sehr viel näher gelegenen südamerikanischen Staaten gegen diesen Besitzanspruch protestierten. Großbritannien wurde die qualvolle Entscheidung in dieser Angelegenheit dadurch abgenommen, daß die Inseln wieder versanken, während man sich noch um ihren Besitz stritt.

Auf den Salvage-Inseln bei Madeira tauchten 1944 kleine Inselchen auf, als die Spitzen der unterseeischen Vulkane die Wasseroberfläche erreichten und durchstießen.

Der Atlantik ist all die Jahrhunderte hindurch von Island bis zu den Küsten Brasiliens ein vulkanisch aktives Gebiet gewesen. Nach Dr. Maurice Ewing, einem bekannten Ozeanographen vom *Lamont Geographical Observatory,* bilden seine tiefsten Rinnen »die Zonen eines ozeanischen Erdbebengürtels«. Es ist folglich durchaus möglich, daß die vulkanische Aktivität vor Jahrtausenden hier viel heftiger war, zumal sie auch heute noch in genau jenen Gebieten weiterbesteht, in denen der Legende nach sich der atlantische Kontinent befand.

Man ist sich im allgemeinen darüber einig, daß sich auf der gesamten Erdoberfläche von grauer Vorzeit an die Verteilung von Wasser- und Landflächen verschoben und verändert hat. So ist eindeutig erwiesen, daß die Sahara früher ein Meer war und das Mittelmeer mit seinen unterseeischen Bergen und Tälern einst Land. Die Steinzeit-Werkzeuge und Mammutzähne, die man aus der flachen Nordsee zutage förderte, deuten darauf hin, daß diese in früherer Zeit Küstenland war. Man fand Haifischfossilien in den Rocky Mountains, Fischfossilien in den Alpen und Austernfossilien in den Allegheny Mountains. Die meisten Geologen stimmen in der Annahme überein, daß es einst einen atlantischen Kontinent gab, sind sich jedoch darüber uneins, ob er im Zeitalter des Menschen existierte.

Es sind reiche Spekulationen angestellt worden, im Bemühen, die Atlantislegende durch andere Erdbeben und dadurch verursachte Flutwellen zu erklären, die das einstige Mediterrane Tal überfluteten, Sizilien von Italien abtrennten und Thera in der Ägäis versinken ließen, nicht zu vergessen die kretischen Erdbeben des Altertums. Manche vermuten Atlantis im Norden, und zwar auf dem Grund des Kontinentalsockels unter der flachen Nordsee; manche sogar in der Sahara und an allen möglichen anderen Orten.

K. Bilau, ein deutscher Wissenschaftler und Atlantisforscher, der dem Studium des Meeresbodens und seinen Unterwasser-Cañons viel Zeit widmete, formuliert seine Überzeugungen zu der Atlantis-im-Atlantik-Theorie, wie er es nennt, mehr poetisch als streng wissenschaftlich:

»Tief unter den Wassern des Ozeans ruht jetzt Atlantis, und nur seine höchsten Gipfel sind noch sichtbar in Gestalt der Azoren. Seine kalten und warmen Quellen, die von antiken Schriftstellern beschrieben wurden, fließen dort noch heute wie vor vielen Jahrtausenden. Die Bergseen von Atlantis sind jetzt in versunkene Seen verwandelt worden. Wenn wir genau den Hinweisen Platos folgen und die Lage von Poseidonis unter dem halbversunkenen Gipfel der Azoren suchen, so finden wir sie im Süden der Insel Dollobarata. Dort stand auf einer Erhebung, in der Mitte eines weiten und ziemlich geraden Tales, das vor den Winden wohlgeschützt war, die Hauptstadt, das prächtige Poseidonis. Aber wir können jenes mächtige Zentrum einer unbekannten vorgeschichtlichen Kultur nicht sehen; denn zwischen uns und der Stadt mit dem goldenen Tor liegt eine Wasserschicht von 3000 Meter Dicke. Es ist seltsam, daß die Wissenschaftler Atlantis überall gesucht haben, aber diesem Flecken die geringste Aufmerksamkeit schenkten, der schließlich von Plato deutlich angegeben wurde.«

6

Wie Atlantis den Lauf der Geschichte beeinflußte

Für ein Land, dessen Existenz nicht mit Sicherheit nachgewiesen werden kann, hat Atlantis einen beachtlichen Einfluß sowohl auf den Lauf der Geschichte wie auf die Literatur gehabt. Als nach dem Fall von Konstantinopel im Jahr 1453 die klassische Kultur erneut nach Mittel- und Westeuropa vordrang, begann Platos Bericht ebenso wie die Berichte anderer klassischer Autoren über Inseln im Atlantik von neuem die Phantasie der Menschen zu beschäftigen. Kolumbus, der ein eifriger Leser von Reisebeschreibungen war, aber auch mit den Kartographen seiner Zeit korrespondierte, glaubte nicht als einziger, daß die Welt rund sei. Schon im alten Alexandria war der tatsächliche Erdumfang mit einer Abweichung von nur 750 Kilometer errechnet worden. Soviel wir wissen, umsegelten die Gelehrten Alexandrias jedoch niemals die Erde, um zu beweisen, daß sie rund war.

Es gab zu Kolumbus' Zeiten zahlreiche »Welt«-Karten, deren Angaben allerdings oft ziemlich voneinander abwichen. Da auch die Navigationsrouten nach den Sternen ermittelt wurden, bestand Kolumbus' größter Heldenmut nicht so sehr darin, sich auf den Kampf mit möglichen Meeresungeheuern oder auf das Risiko einzulassen, vom »Rand der Welt« herunterzufallen, sondern vielmehr darin, sich der Führung der ihm zur Verfügung stehenden Karten anzuvertrauen.

Auf einigen dieser Weltkarten war Antillia, Antilla, Antilha oder Antiglia eingezeichnet. Das könnten unterschiedliche Namen für Atlantis, die Inseln der Seligen, die Hesperiden und andere Inseln gewesen sein. Die Toscanelli-Karte, von der man annimmt, daß Kolumbus sie auf seiner Fahrt zur Neuen Welt bei sich hatte, zeigt Antillia. Toscanelli hatte Kolumbus Jahre zuvor in einem Brief geraten, Antillia als einen Rastplatz auf seiner Fahrt »zu den Indien« anzulaufen. Auf Toscanellis Karte liegen China und die Indien am westlichen Rand des Atlantiks; Antillia und einige andere Inseln bilden sozusagen maritime Meilensteine für die Überfahrt.

Es ist so gut wie sicher, daß Kolumbus die Becario-Karte von 1435 studiert hatte oder auf seiner Fahrt bei sich führte, ebenso wie die Karten von Branco (1436), Pareto (1455), Rosseli (1468) und Bennicasa (1482), außerdem vielleicht Unterlagen oder Vorschläge von der Benheim-Karte (1492), die alle Antillia unter den oben angeführten verschiedenen Namen nannten. Diese Karten placierten Antillia im allgemeinen in gleicher Höhe mit Portugal mitten in den Atlantik. Unter diesem Gesichtspunkt erscheint die portugiesische Schreibweise des Namens »Antilha« *(ante ilha)* logisch, bedeutet das doch »die Insel davor« oder »gegenüber«, womit natürlich die große Insel in der Mitte des Ozeans gemeint war, die der »sieben Städte«. Ob dies nun der wahre Grund für den Namen ist oder ob es sich nur um eine andere Schreibweise von »Atlantis« handelt, kommt letztlich auf das gleiche heraus: Die große Insel, die anzusteuern Kolumbus empfohlen wurde und die auf allen einschlägigen Karten jener Zeit eingezeichnet war, befand sich genau an der Stelle, an der man allgemein das einstige Atlantis vermutete. Sie wies ungeachtet der Berichte vom Versinken dieses Inselkontinents noch genau die Form auf, wie Plato sie angibt.

Von manchen Forschern wurde auch die Vermutung geäußert, daß Kolumbus in seinem Vorhaben von einem merkwürdig prophetischen Absatz aus einem Stück des klassischen römischen Autors Seneca beeinflußt wurde, das Jahrhunderte vor Kolumbus' Zeit entstand. Dieses Zitat aus dem 2. Akt von *Medea* lautet folgendermaßen: »Es wird im späten Weltenalter eine Zeit kommen, in der der Ozean seinen Griff über das, was er [jetzt] hält, lockern wird, und es wird Land in seiner [ganzen] Herrlichkeit auftauchen. Thetis [das Meer] wird neue Kontinente enthüllen, und Thule wird nicht länger das Ende der Welt sein . . .«

Entstammte Senecas Vorstellung von Kontinenten auf dem Grund des Ozeans seiner eigenen Phantasie, Platos Bericht oder anderen Quellen? Wie allgemein verbreitet war dieser Glaube im Altertum? Wir können darüber gegenwärtig nur Vermutungen anstellen. Aber es spricht vieles dafür, daß Kolumbus durch diese »Prophezeiung« in seinen eigenen Überlegungen beeinflußt und bestärkt wurde. Einen Hinweis für diese Annahme erhalten wir durch jemanden, der Kolumbus und seinen Gedanken nahestand — nämlich durch Fernando, seinen Sohn, der in einer Kopie von *Medea* vermerkte: »Diese Prophezeiung wurde durch meinen Vater, den Admiral Christoph Kolumbus, 1492 erfüllt.«

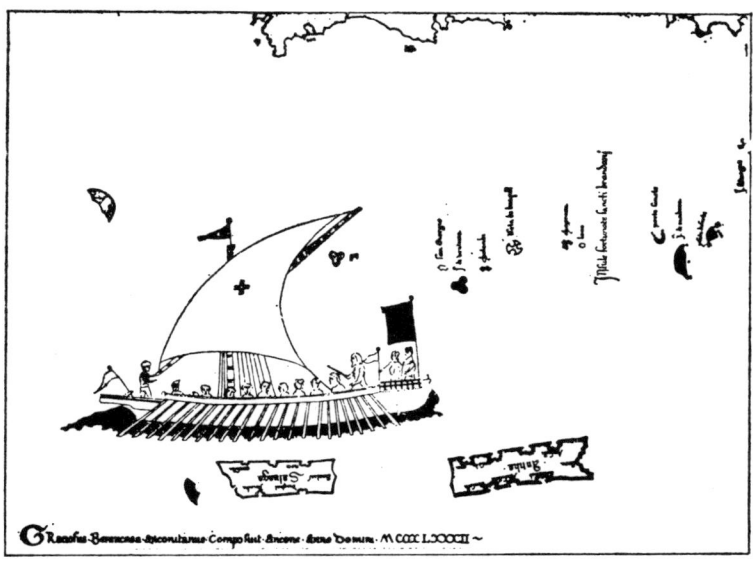

Ausschnitt aus der Bennicasa-Karte (1482). Die Iberische Halbinsel liegt am oberen Rand der Karte, das Schiff zeigt genau nach Norden. Rechts oberhalb des Schiffes sind die »Glücklichen Inseln von St. Brandan« eingetragen, unter dem Schiff links die »Savage Insel« und rechts »Antilia«.

López de Gómara, der Verfasser der *Historia general de las Indias* (Allgemeine Geschichte der Indien, 1552), schreibt Kolumbus' Heldentaten ausdrücklich dessen Lektüre von »Platos *Timaios* und *Kritias*« zu, »wo er von der großen atlantischen Insel las und einem versunkenen Land, größer als Asien und Afrika«.

Fernández de Oviedo stellte sogar die Behauptung auf, daß den spanischen Herrschern das Besitzrecht über die »Neuen amerikanischen Länder« zustände (*Historia general y natural de las Indias*, Allgemeine und Natürliche Geschichte der Indien, 1535—1552), da, ihm zufolge, Hesperus, ein prähistorischer spanischer König, der Bruder von Atlas war, dem Herrscher des Marokko gegenüberliegenden Landes. Hesperus herrschte auch über die Hesperiden, die einen Teil seines Reiches bildeten — über »die Inseln des Westens« . . . »vierzig Segeltage [fern], wie sie es auch in unserer Zeit noch mehr oder weniger sind . . . und wie Kolumbus sie bei seiner zweiten Fahrt, die er unternahm, fand . . . Man muß sie deshalb für diese Indien halten, spanische Gebiete seit der Zeit Hesperus' . . . die [durch Columbus] wieder in das spanische Reich zurückkehrten . . .«

Ein anderer zeitgenössischer Autor, Bartolomé de Las Casas, stimmte dieser Theorie keineswegs zu; dieser Priester verfolgte damit eigene Zwecke. Es war sein höchst lobenswertes Ziel, die Indianer der Neuen Welt zu beschützen, deren Behandlung durch die spanischen Eroberer in ein wahres Genozid ausartete. Las Casas erhob Einspruch gegen diese sich auf die Hesperiden oder Atlantis berufenden Besitzansprüche. Trotzdem bemerkte er in seinen Kommentaren zu Kolumbus in seiner *Historia de las Indias* (Geschichte der Indien, 1527): ». . . Christoph Kolumbus konnte zu Recht glauben und hoffen, daß es, obwohl jene große Insel [Atlantis] verloren und versunken war, noch andere gab oder zumindestens trockenes Land, das er durch Suchen finden konnte . . .«

Ein anderer Autor aus der Zeit der Entdeckung der Neuen Welt, Pedro Sarmiento de Gamboa, schrieb 1772: ». . . Die Indien von Spanien bildeten Kontinente mit der atlantischen In-

sel und waren folglich die atlantische Insel selbst, die vor Cádiz
lag und sich über das Meer erstreckte, das wir überqueren, wenn
wir zu den Indien segeln, das Meer, das alle Kartenmacher den
Atlantischen Ozean nennen, da die atlantische Insel sich in
ihm befand. Und so segeln wir jetzt über das [Meer], das früher Land war.«

Als die spanischen Eroberer in Mexiko von den Azteken er-
fuhren, daß diese behaupteten, von einem Land im Meer namens
Aztlán zu stammen, waren sie überzeugt, daß die Azteken Nachkommen der Atlantiden waren, und das bestärkte die Spanier
noch in ihrem Besitzanspruch — nicht, als ob sie jemals das Bedürfnis nach einer Rechtfertigung verspürt hätten! Der Name
»Azteken« als solcher bedeutet bereits »Volk von Az« oder
»Aztlán«. (Die Azteken nannten sich selbst meist Tenocha oder
Nahua.)

Wenn die spanischen Eroberer der Neuen Welt in gewisser
Hinsicht von der Erinnerung an Atlantis und/oder die Hesperiden beeinflußt wurden, waren die Indianervölker Mittel- und
Südamerikas aus einem anderen Grund, der jedoch auf die gleichen historischen oder legendären Mythen zurückging, überzeugt, daß die Spanier ihre Götter oder Helden waren, denen sie
ihre Kultur verdankten und die jetzt aus den Ländern des
Ostens zurückkehrten. Diese Überzeugung war so fest in ihnen
verankert, daß sie psychologisch hilflos und nicht imstande waren, sich gegen die Eindringlinge zur Wehr zu setzen, bis es zu
spät war. Die Tolteken, Mayas und Aztekenvölker und anderen
mittelamerikanischen Indianerstämme wie auch die Chibchas,
Aymarás und Ketschuas Südamerikas hatten jahrhundertelang
Legenden über geheimnisvolle weiße Fremdlinge bewahrt. Diese
Männer waren aus dem Osten gekommen, hatten ihnen Kultur
und Zivilisation gebracht und sie dann wieder verlassen, allerdings mit dem Versprechen, zurückzukehren.

Quetzalcoatl, der bärtige weiße Gott der Azteken und ihrer
Vorfahren, der Tolteken, war den Legenden zufolge in sein
eigenes Reich im östlichen Meer — Tollán-Tlapalan — zurückgekehrt, nachdem er die Grundlagen zur toltekischen Kultur

legte. Er sagte, er würde eines Tages wiederkommen und das Land von neuem regieren. Der gleiche Quetzalcoatl, »die Gefiederte Schlange«, wurde von den Mayas als Kukulkán verehrt.

Als die Spanier in Mexiko eindrangen, glaubte Moctezuma (Montezuma), der aztekische Herrscher, genau wie viele seiner Untertanen, Quetzalcoatl oder zumindest seine Sendboten seien plötzlich zurückgekehrt. Sie nannten die Spanier sogar »teules«, »die Götter«, zumal ihre Ankunft durch zahlreiche Voraussagen und Prophezeiungen angekündigt worden war. Durch einen höchst seltsamen Zufall fiel die Ankunft der Spanier 1519 mit dem Ende eines der 52-Jahres-Zyklen des aztekischen Kalenders zusammen. Einer der Aspekte dieses 52-Jahres-Zyklus betraf die Wiederkehr von Quetzalcoatls Geburtstag, und so glaubten die verwirrten Azteken, Quetzalcoatl oder seine Sendboten seien zum Geburtstag des Gottes zurückgekehrt.

Moctezumas Schwester, Papantzin, hatte eine Vision, in der sie weiße Männer vom Meer kommen sah; diese Vision wurde von Moctezuma und den aztekischen Priestern als eine Ankündigung der versprochenen Wiederkehr Quetzalcoatls interpretiert. Moctezuma wartete also schon insgeheim auf die Rückkehr des Gottes, als die Spanier an seiner Küste landeten. Der Herrscher befahl seinen ersten Sendboten, sie mit Geschenken zu begrüßen, »um sie in der Heimat willkommen zu heißen«.

Die Azteken waren dann sehr überrascht, als sie sahen, daß die heimgekehrten Götter »menschliche Nahrung« aßen und eine ganz ungöttliche Vorliebe für junge Mädchen hatten, und zwar nicht als Opfergaben, sondern in höchst irdischer Form ...

Die Indianer Mexikos, die dem spanischen Gemetzel entgingen, sollten in der Folge noch sehr viel mehr über »die Götter« lernen, als diese ihren Eroberungszug über die beiden amerikanischen Kontinente ausdehnten ...

Das straff organisierte Inka-Reich in Peru kannte auch eine Prophezeiung, die angeblich von dem zwölften Inka gemacht wurde. Wie sein Sohn, Huáscar, den Spaniern erzählte, hatte sein Vater gesagt, daß während der Herrschaft des dreizehnten

Aztekische Illustration, die Moctezumas, des Kaisers der Azteken, Verwirrung darstellt, als er durch Omen und Orakel festzustellen versucht, ob die Konquistadoren Sendboten Quetzalcoatls sind oder nicht.

Inkas weiße Männer »von der Sonne, unserem Vater« kommen würden, um über Peru zu herrschen. (Der dreizehnte Inka war Huáscars Bruder Atahualpa, der, bevor die Spanier ihn erwürgten, vielleicht noch die volle Wahrheit dieser Prophezeiung seines Vaters erkannte.)

Fast überall kamen den Spaniern bei ihrem Eroberungszug die Legenden und Überlieferungen der Indianervölker über ihre eigene Herkunft und über die Herkunft ihrer Kultur zur Hilfe sowie der Glaube der Indianer, daß die Götter aus dem Osten zurückkehren und über ihr Land herrschen würden. Im Studium über Atlantis bilden die Indianer-Legenden über ihre östliche Urheimat immer wieder Grund zur Überlegung und oft auch Verwirrung.

Die Anthropologen, falls nicht auch die Indianer selbst, nehmen im allgemeinen an, daß die Indianervölker von Sibirien über die Beringstraße kamen und sich vom Norden aus über die beiden amerikanischen Kontinente verteilten. Allgemeine rassische Merkmale wie das glatte schwarze Haar, der spärliche Bartwuchs und der »Mongolenfleck« bei neugeborenen Säuglingen scheinen diese Theorie zu bestätigen. Weshalb dann diese hartnäckigen Legenden über eine östliche Urheimat im Meer, eine Kultur aus dem Osten und die allen gemeinsame Überlieferung einer Sintflut, die meistens in Verbindung gebracht wird mit der Zerstörung oder dem Versinken einer einstigen Heimat im Osten?

Eine mögliche Erklärung wäre die Annahme, daß einige der Indianervölker aus dem Osten kamen oder zumindest wesentliche kulturelle Einflüsse von dort erhielten. Vielleicht schrieben diese Indianerstämme die eigene Herkunft dem Ursprung ihrer Kultur zu — eine Art prähistorisches Beispiel für das gleiche Phänomen, nach dem die Amerikaner so stolz sind auf ihre Mayflower-Vorfahren. Kulturelle Hinweise auf Atlantis oder atlantische Verbindungen fand man bei den Indianern unter anderem in dem bei ihnen üblichen Brauch der Mumifizierung ihrer Toten und in ihren Legenden und religiösen Riten, die denen Europas und der Mittelmeerwelt der Antike entsprechen: so die Bedeutung des Kreuzes, die Taufe, Beichte und Erlassung der Sünden, das Fasten und die Selbstkasteiung sowie der Brauch, daß Jungfrauen ihr Leben der Religion weihen. Die Spanier hielten diese Übereinstimmungen mit ihrer eigenen Religion für Fallen, die ihnen der Teufel gestellt hatte.

Auf architektonischem Gebiet bestehen Ähnlichkeiten zum alten Ägypten und seinen Pyramiden; das gleiche gilt für die Hieroglyphenschrift. Sogar die uns heute erhaltenen, noch nicht genau datierten Ausgrabungsfunde wie Statuen und Steinreliefs zeigen Darstellungen nicht-indianischer Menschen, sowohl Weißer wie Schwarzer, deren Kleidung häufig an die alte Mittelmeerwelt erinnert. Dies gilt auch für die riesigen, bei Tres Zapotes in der Nähe von Veracruz gefundenen Steinköpfe, die ausgesprochen negroide Züge aufweisen, und andere kleinere Statuen der Olmeken-Kultur, ebenso wie für Statuen und Darstellungen der Mayas auf Tongefäßen, die man bei La Venta

fand und die bärtige weiße Männer mit semitischen Hakennasen
zeigen. Diese Männer tragen manchmal sogar Helme und völlig andere Kleider und Schuhe als die Mayas. Rollsiegel und
Mumienkästen mit breitem Boden, die man in Palenque, Yucatán, fand und die denen gleichen, die im Altertum im Mittelmeerraum gebräuchlich waren, sind ebenfalls typisch für diesen
Teil Mexikos, der dem Atlantik und dem Nordäquatorialstrom,
der nach Westen fließt, am nächsten liegt.

Man darf gleichfalls nicht vergessen, daß die Ureinwohner der
Neuen Welt diese schon seit sehr langer Zeit bewohnen. Der
Zeitpunkt, zu dem der Mensch auf den amerikanischen Konti-
nenten auftauchte, wird immer weiter zurückverlegt; momentan
vermutet man ihn in der 12 000 bis 30 000 Jahre zurückliegenden Vorzeit. Außerdem sind keineswegs alle für die amerikanischen Indianer charakteristischen Merkmale nordasiatischen
Ursprungs — ganz gewiß nicht die vorspringende Adlernase.
Zahlreiche Berichte früher spanischer Eroberer und Forscher
sprechen von weißen und schwarzen Indianern und vielen
Zwischenschattierungen sowie von solchen mit rötlichbraunem
Haar. Letzteres wurde durch peruanische Mumienfunde bestätigt.

Wer behauptet, alle Indianer und ihre Kultur stammten aus
Asien, macht es sich zu einfach. Ein Forscher, der sich mit dieser
Frage auseinandersetzte, hat uns eine zum Nachdenken anre-
gende Überlegung hinterlassen: Die indianischen Stämme hätten, so führt er aus, auf ihrer »Einwanderung von Asien« keine
der in Asien üblichen Haustiere mitgebracht. Als nämlich die
Spanier in Amerika landeten, habe es dort nichts Derartiges gegeben (ausgenommen einen Hund, den Vorfahren des rein mexikanischen Chihuahua)! Und in Anbetracht der Tiere, die man
bei der Entdeckung Amerikas vorfand, stellt er die Frage, ob
die einwandernden Indianervölker bei der Überquerung der
Beringstraße — oder der damaligen Landbrücke — Wölfe,
Panther, Leoparden, Rotwild, Krokodile, Affen und Bären
hätten mitführen oder transportieren können. Falls es diese
Tiere nicht von Anfang an auf den amerikanischen Kontinenten

gab, müssen sie über Landbrücken gekommen sein, die einst zu Europa oder Afrika bestanden. Und wenn die Tiere das konnten — warum dann nicht auch die Indianervölker?

Atlantis hätte im 19. Jahrhundert fast erneut Geschichte gemacht, und zwar durch William Gladstone, den britischen Premierminister unter Königin Viktoria, der einen Gesetzentwurf im Parlament einbrachte, durch den die notwendigen Mittel für eine systematische Suche nach dem legendären Atlantis zur Verfügung gestellt werden sollten. Die Abstimmung über diesen Gesetzentwurf durch die Parlamentsmitglieder, die offensichtlich Gladstones Begeisterung für dieses Projekt nicht teilten, fiel bedauerlicherweise negativ aus.

Im 20. Jahrhundert wurden verschiedene Atlantis-Gesellschaften in Europa gegründet, erreichten aber nie »geschichtemachende« Ausmaße (siehe 9. Kapitel). Eine von ihnen, die den Namen *Fürstentum von Atlantis* trägt, wurde von einer Gruppe dänischer Wissenschaftler gegründet, die Prinz Christian von Dänemark zu ihrem Präsidenten wählten und ihm den Titel »Prinz von Atlantis« verliehen. (Da Prinz Christian ein direkter Nachkomme Leif Erikssons, des seefahrenden Wikingers und ersten Entdeckers der transatlantischen Länder war, schien es eine sehr passende Wahl.) Diese Gesellschaft hatte nach wenigen Jahren Tausende von Mitgliedern.

Obwohl das Thema »Atlantis« keineswegs überholt ist, wird sein zukünftiger Einfluß auf die Geschichte (ausgenommen mögliche zwischenstaatliche Konflikte wegen wiederauftauchender atlantischer Länder, sollten Edgar Cayces Prophezeiungen sich tatsächlich bewahrheiten) vielleicht darin bestehen, die Geschichte und frühe Entwicklung der Menschheit zu erhellen. Mit jedem Jahr können wir die menschliche Prähistorie durch die Nebelschleier der Zeiten weiter zurückverfolgen. Von der Bibelauslegung im 17. Jahrhundert durch den irischen Bischof James Ussher aus Dublin, nach der die Welt im Jahr 4004 v. Chr. ihren Anfang nahm, sind wir inzwischen so weit in unsere eigene Vergangenheit vorgedrungen, daß wir annehmen können, daß der Geräte benutzende Mensch bereits seit mehreren Millionen

Jahren auf der Erde lebt und daß die städtische Kultur des »Fruchtbaren Halbmondes« im Mittleren Osten mindestens 9000 Jahre alt ist. Auch durch die Archäologie wird in zunehmendem Maße der Zeitpunkt des ersten Auftauchens des »zivilisierten« Menschen näher bestimmt, der viel weiter zurückzuliegen scheint, als man bisher annahm. Es gibt aber immer noch weiße Flecken in der Geschichte der Menschheit, und Atlantis wird sich vielleicht als einer von diesen erweisen.

7

Die Erklärung des Rätsels um Atlantis

Als ein kulturelles, zoologisches, botanisches und anthropologisches »fehlendes Bindeglied« zwischen der Alten und der Neuen Welt liefert Atlantis (oder eine einstige atlantische Landbrücke) eine derart einleuchtende Erklärung so vieler bisher ungeklärter Fragen, daß man mit Voltaire sagen möchte: Falls Atlantis nicht existiert hätte, müßte man es erfinden.

In kultureller Hinsicht erhält man durch Atlantis eine Erklärung für verschiedenes, im Altertum vorhandenes Wissen, das sich überzeugender erklären ließe, wenn man davon ausgeht, daß es eine noch ältere Kultur gab, die dieses Wissen ihren mitunter weniger schöpferischen Nachkommen übermittelte. Denn die Entwicklung der Menschheit und ihrer Zivilisation schreitet nicht immer — wie wir am Frühen Mittelalter und anderen, sehr viel zeitgenössischeren Beispielen sehen — geradlinig fort. Sie scheint manchmal stehenzubleiben, zu stagnieren und sogar rückläufig zu werden.

Präzise, wenn auch leider unvollständige Hinweise lassen vermuten, daß die antike Welt sehr viel mehr wissenschaftliche Kenntnisse besaß, als wir allgemein annehmen. Neben ihren geographischen Kenntnissen, die uns durch die klassischen Autoren überliefert sind, weisen Anspielungen auf astronomische Kenntnisse und — wenn auch oft in unklarer oder absichtlich verhüllter Weise in Form von Legenden — auf ein umfassenderes Wissen hin, das in den späteren Kulturen verlorenging und erst von der Moderne wiederentdeckt wurde.

Wie konnten zum Beispiel die Gelehrten des Altertums ohne Teleskope wissen, daß der Planet Uranus bei seinen Umläufen um die Sonne regelmäßig seine Monde verfinstert? Sie veranschaulichten dieses Wissen durch den Mythos, in dem Uranus seine Kinder abwechselnd auffrißt und wieder ausspeit. Bis vor verhältnismäßig kurzer Zeit gab es kein Teleskop, das stark genug gewesen wäre, dieses Phänomen am Himmel zu beobachten.

Woher stammte Dantes Vision des Kreuz des Südens, zweihundert Jahre, bevor irgendein Mensch Europas es jemals gesehen oder davon gehört hatte? Dante beschreibt in der *Göttlichen Komödie,* was er sah, als er die Hölle auf dem Berg des Purgatoriums verließ. (Das Folgende ist eine freie Übersetzung.) »Ich wandte mich nach rechts, blickte zu dem anderen Pol, und da sah ich vier Sterne, die außer den ersten Menschen noch keiner geschaut hatte. Der Himmel schien von ihrem Glanz zu funkeln. Oh, verwitwete Region des Nordens, die sie nicht sehen kann...« Und wen meinte Dante mit seiner Anspielung auf »die ersten Menschen«? Das ist ebenso geheimnisvoll wie seine Schau des Sternbildes.

Von Zeit zu Zeit stoßen die Archäologen auf ein Artefakt aus einer frühen Kultur, das dermaßen von dem Bild, das wir uns von einer solchen Kultur machen, abweicht, daß es fast unglaubhaft erscheint. So stellte 1853 die Britische Gesellschaft zur Förderung der Wissenschaften eine Kristallinse aus, die einer modernen optischen Linse völlig glich. Mit dem einen Unterschied, daß man sie an den Ausgrabungsstellen von Ninive zutage förderte, also dem Ort, an dem sich einst die Hauptstadt des alten Assyrien befand, wodurch diese Linse einen Vorsprung von 1900 Jahren vor der Erfindung des modernen Linsenschliffes hat. Bei Esmeralda brachte man vor der Küste von Ekuador präkolumbische Überreste vom Meeresboden herauf, die von den dortigen Archäologen für sehr alt gehalten werden; darunter befand sich auch eine Konvexlinse aus Obsidian — einem vulkanischen Glas — von etwa fünf Zentimeter Durchmesser, die wie ein Spiegel wirkt und alles nur verkleinert, aber nicht verzerrt. Andere, sehr kleine Konkavspiegel aus Hämatit, einem magnetischen Eisenerz, das sich auf Hochglanz polieren

läßt, fand man in den Ausgrabungen bei La Venta von der Olmeken-Kultur Mexikos, die man jetzt für die älteste aller mexikanischen Frühkulturen hält. Wie Untersuchungen ergaben, wurden diese Spiegel durch ein uns unbekanntes Verfahren hergestellt, durch das ihre Krümmung zum Rande hin immer stärker wurde. Obwohl uns nichts Genaues über ihre Verwendung bekannt ist, haben Versuche gezeigt, daß man mit ihnen im Sonnenlicht Feuer entzünden kann. Andere Artefakte, die ebenfalls Linsen zu sein scheinen, wurden in Gräbern in Libyen gefunden. Und Archimedes, der große Wissenschaftler und Forscher des alten Sizilien, benutzte, laut Plutarch, optische Instrumente, »um die Größe der Sonne dem Auge zu offenbaren«.

Manchmal werden archäologische Funde nicht als das erkannt, was sie in Wirklichkeit sind. Der griechische Seefahrt-»Computer« von Antikythera ist ein gutes Beispiel dafür. Man fand ihn 1900 in einem alten Wrack auf dem Boden der Ägäis zusammen mit einer beachtlichen Sammlung von Statuen, darunter auch die berühmte Bronzestatue des Poseidon, die sich jetzt zusammen mit dem »Computer« im Museum von Athen befindet. Den Verwendungszweck des »Computers« konnte man sich anfangs nicht erklären. Er schien ein Paket von Bronzetafeln zu sein, die undeutliche Schriftzeichen trugen und vom Meer zusammengeschweißt worden waren. Nachdem man diesen seltsamen Fund jedoch gereinigt und genauer studiert hatte, entdeckte man, daß es ein »Computer« war, mit einem System ineinandergreifender Schaltungen, das anscheinend als eine Art Rechenschieber diente, um die Sonne, den Mond und die Sterne für Navigationszwecke anzupeilen. Allein dieser eine Fund hat unsere Vorstellungen von den Navigationspraktiken der Antike wesentlich verändert.

Als nächstes ließe sich die Piri-Reis-Karte anführen, eine Weltkarte, die einem türkischen Kapitän im 16. Jahrhundert gehörte und auf der die Küsten Südamerikas, Afrikas und Teile der Antarktis eingezeichnet waren. Allerdings ist es ein völliges Rätsel, wieso man zur damaligen Zeit Kenntnisse über die Antarktis besaß — und dieses Rätsel wird dadurch noch ge-

heimnisvoller, daß unsere modernen kartographischen Kenntnisse über die Antarktis die Genauigkeit dieser Karte bestätigen.

Die Piri-Reis-Karte (Reis oder Rais ist ein Kapitäns- oder Steuermannstitel) soll nach alten griechischen Karten erstellt worden sein, die bei der Vernichtung der Bibliothek von Alexandria verlorengingen. Falls diese Karte tatsächlich nach einer Reihe von Karten aus der Antike kopiert worden war, würde das bedeuten, daß es im Altertum weitreichende geographische Kenntnisse gab, die im Mittelalter verlorengingen oder in Vergessenheit gerieten.

Wir besitzen noch andere höchst interessante Hinweise auf weitere »Erfindungen«, die man bisher nicht dem Altertum zuordnete. Der Gebrauch von Sprengstoffen ist ein gutes Beispiel hierfür, denn die Entdeckung des Schießpulvers und »Griechischen Feuers« scheint sich im Nebel der Zeiten zu verlieren. Die Chinesen benutzten Sprengstoffe lange vor der Zeit, zu der Schießpulver in Europa bekannt war. Edgerton Sykes, der führende englische Experte für Fragen der Atlantis-Forschung, zitiert R. Dikshitar von der Universität von Madras, der behauptet, daß der Gebrauch von Sprengstoffen in Indien bereits um 5000 v. Chr. bekannt war. Das »Griechische Feuer von Byzanz«, durch dessen Hilfe sich das byzantinische Reich tausend Jahre länger als das weströmische halten konnte, war damals ein genauso geheimnisvolles Rätsel wie heute. Es wurde anscheinend in eine Art Bombe eingeschlossen oder mit Zündkörpern versehen von Galeeren aus auf die feindlichen Schiffe geworfen, wo dieses Feuer trotz aller Löschversuche weiterbrannte; ja es brannte sogar auf dem Wasser. Sprengstoffe wurden möglicherweise von Hannibal in seinem Kampf gegen die Römer benutzt. Falls es sich tatsächlich so verhielt, hütete Hannibal sein Geheimnis sorgfältig, da es psychologisch viel wirksamer war, wenn die Römer dachten, er sei im Besitz übermenschlicher Kräfte. Die Römer berichteten über die Zertrümmerung von Felsen durch Hannibals Feuer und die nachfolgende Bearbeitung mit Essig und Wasser. Bei der späteren Schlacht am Trasimenischen See erbebte die Erde und krachten große Fels-

blöcke auf die Römer nieder, die von den Karthagern vernichtend geschlagen wurden. Falls es sich um ein Erdbeben handelte, schien es die Karthager zu verschonen, die es ihrerseits sofort zu nutzen wußten.

Einige Jahre zuvor mußten die Truppen Alexanders des Großen zu ihrer unangenehmen Überraschung erleben, daß die Verteidiger einer indischen Stadt »Donner und Blitz« von den Stadtmauern auf sie herunterschleuderten.

Es wurde sogar die Vermutung geäußert, daß die Befestigungen von Jericho nicht so sehr wegen des Trompetenschalls der angreifenden Hebräer einstürzten, als vielmehr wegen der Minen, die die Hebräer an den Stadtmauern anbrachten.

Auf jeden Fall stößt man in den Schriften der Antike immer wieder auf derartige und auch andere Hinweise auf Erscheinungen, die Sprengstoffexplosionen verdächtig ähneln. Solche geheimen Waffen scheinen im allgemeinen von älteren Kulturvölkern benutzt worden zu sein, die dieses Wissen von anderen ererbten; wir wissen jedoch nichts über das Volk, das sie als erste erfand und benutzte.

Wenn man die Cheopspyramide von Gizeh betrachtet, erscheint es einem fast, als wäre sie eine Art Vermächtnis, das ein hochstehendes Volk von Könnern der Nachwelt hinterließ, sei es als ein Beweis ihres hohen Wissens oder um dieses den Generationen späterer Zeiten zu vermitteln.

Ehe Napoleons Beamte während der französischen Besetzung Ägyptens das Land zu vermessen begannen, war an der Cheopspyramide außer ihrer Größe nichts aufgefallen. Selbstverständlich wählten die Franzosen die Cheopspyramide als Ausgangspunkt für ihre trigonometrische Netzlegung. Bei der Vermessung ihrer Grundfläche stellten sie fest, daß die Verlängerungen der durch das Grundquadrat gelegten Diagonalen genau das Nildelta umschlossen. Der Meridian lief exakt durch die Pyramidenspitze und teilte das Delta in zwei gleiche Hälften. Dies ließ eindeutig erkennen, daß jemand aus einem ganz bestimmten Grund diesen Standort für die Pyramide gewählt hatte. Wie weitere Untersuchungen der Abmessungen der Pyramide zeigten, ergibt der durch ihre doppelte Höhe dividierte Grundflächen-umkreis die Zahl 3,1416, also Pi (π). Ihre Ausrichtung nach den vier Himmelsrichtungen ist auf 4 Minuten 35 Sekunden genau. Der 30. Breitengrad läuft durch die Mitte der Pyramide, was als solches ebenfalls erstaunlich ist, da er den größten Teil der Landmassen der Erde von dem größten Teil der Weltmeere trennt. Von der direkt nach Norden zeigenden Seite der Pyra-mide führt ein Gang zu der Königskammer. Vom Ende dieses Ganges sieht man durch Millionen Tonnen perfekt aufeinan-dergesetzter Felsblöcke in schnurgerader Linie auf den Polar-stern, der zu der Zeit, als die Pyramide entstand, zum Stern-bild des Drachen gehörte. Multipliziert man die Höhe der Py-ramide mit einer Milliarde, so erhält man die Entfernung der Erde von der Sonne. Jede Seite der Pyramide mißt so viele Ellen wie das Jahr Tage. Weitere, durch ihre Proportionen sich anbietende Rechnungen ergeben das Gewicht der Erde und die Länge des Polarkreises, und die Untersuchung eines in der Kö-nigskammer gefundenen rechteckigen Behälters aus rotem Gra-nit legt die Vermutung nahe, daß es sich um ein ganzes Maß-system zur Ermittlung von Volumen und Umfang handelt.

Untersuchungen über die Cheopspyramide bilden das Thema vieler Bücher und sind jetzt etwas in Mißkredit geraten durch die allzu überschwengliche Begeisterung mancher Autoren, die vorgaben, daß man aus den Maßen der Pyramide und ihrer inneren Gänge Prophezeiungen über die Zukunft ablesen könne.

Diese größte aller ägyptischen Pyramiden ist anscheinend die einzige, die derart bedeutungsvolle Abmessungen aufweist, und es deutet nichts darauf hin, daß die Ägypter in all den Jahr-hunderten in der Cheopspyramide etwas anderes sahen als mög-liche Schätze und das Grabmal des Pharaos.

Die Entstehung der ägyptischen Kultur ist von einem gewis-sen Geheimnis umgeben, da Ägypten zur Zeit der I. Dynastie um 3200 v. Chr. plötzlich von einer neolithischen Kulturstufe — in geschichtlichem Sinn fast »über Nacht« — zu einer viel weiter fortgeschrittenen hinüberwechselte, in der die Ägypter sehr zweckmäßige Kupferwerkzeuge besaßen, mit denen sie große Paläste und Tempel bauten und anscheinend ohne jede Übergangsphase eine hohe Zivilisation und raffinierte Schriftsprache entwickelten. Woher nahmen sie die dafür notwendigen Kenntnisse? Von den Göttern, die Ägypten bis zur Herrschaft des ersten Pharaos, Menes, regierten — sagt Manetho, jener bereits zitierte ägyptische Historiker, der zur Zeit der Ptolemäer lebte.

Die *Upanishaden,* die uralten heiligen Texte der Inder, enthalten Absätze, die jahrhundertelang unverständlich erschienen und sich der Auslegung widersetzten. Wenn man sie jedoch unter dem Gesichtspunkt der Molekularstruktur der Materie studiert, sind sie verhältnismäßig leicht zu verstehen und ein weiteres Beispiel für die Überlieferung wissenschaftlicher Kenntnisse durch religiöse Schriften. Wir verdanken unser Wissen über die Zahl Null — oder besser den G e b r a u c h der Zahl Null — den alten Indern, von denen es über die Araber, die Null als einen Punkt schrieben, zu uns gelangte.

Aber auch die Mayas in Mexiko und Guatemala kannten die Null und benutzten sie mit erstaunlicher Genauigkeit in chronologischen und astronomischen Berechnungen.

Eine interessante astronomische Übereinstimmung besteht zwischen dem Kalendersystem des alten Ägypten und Mexikos: Beide errechneten — oder bezogen diese Kenntnisse aus einer anderen Quelle —, daß das Jahr aus 365 Tagen und 6 Stunden besteht, teilten das Jahr in Monate, wobei am Ende jedes Jahres 5 Tage übrigblieben, und gruppierten die Jahre zusätzlich zu Zyklen; diese Zyklen umfaßten bei den Azteken 52 Jahre und bei den Ägyptern 1460 Jahre. Und sowohl das aztekische Jahr wie das altägyptische, dessen Anfang im Monat Thot lag, begann mit dem Tag, der unserem 26. Februar entspricht.

Trotz dieser beachtlichen mathematischen und sonstigen wissenschaftlichen Kenntnisse stellen wir fest, daß die Mayas und anderen amerikanischen Indianervölker nicht die Transportmöglichkeiten erkannten, die das Rad bietet. Bis zu dem Tag, als man an Ausgrabungsstellen altmexikanische Spielzeuge mit Rädern fand, hatte man angenommen, daß keines der amerikanischen Indianervölker das Rad kannte. Vielleicht war ihnen das Rad einst bekannt, geriet dann aber in Vergessenheit, wie ihre Kultur sich überhaupt zurückzuentwickeln schien. Als die spanischen Konquistadoren landeten, befand sich die Maya-Kultur in einer Periode des Verfalls, während die hochentwickelte Zivilisation der Tolteken bereits vollständig verschwunden war, genau wie die ursprünglichen Erbauer von Cuzco und Tihuanaco in Südamerika.

Die verblüffende Ähnlichkeit der Architektur der alten Ägypter und der Mayas ist seit der Entdeckung der ersten Maya-Ruinen immer deutlicher geworden; dies gilt ebenso für Pyramiden, Säulen, Obelisken und Stelen (allerdings nicht für den echten, freitragenden Bogen) wie für den Gebrauch von Hieroglyphen als architektonischen Schmuck und zur Schilderung historischer Ereignisse auf Wandreliefs und Steinfriesen. Während die Architektur anderer Indianervölker Mittel- und Südamerikas mit ihren Pyramiden und mächtigen Steinbauten ebenfalls der des alten Ägyptens ähnelt, weist die Architektur der Mayas, auf deren Gebiet sich die indianische Kultur am weitesten nach Osten erstreckte, die größte Ähnlichkeit mit der ägyptischen auf.

Im Hinblick auf die Frage nach dem Ursprung der Kultur der Mayas, der Olmeken, der Tolteken sowie der der anderen präkolumbischen Völker Mittelamerikas sei Sahagún erwähnt, ein Chronist des spanischen Eroberungszuges; er schreibt von einem eigenartigen, aus uralten Quellen stammenden Bericht, nach dem ihre Kultur ursprünglich von einem anderen Land nach Mexiko und Mittelamerika gebracht wurde. Und er zitiert wörtlich den indianischen Text: »[Sie] kamen über das Wasser her und landeten nahe [Vera Cruz] — die weisen alten Männer, die alle die Schriften hatten . . . die Bücher . . . die Bilder.«

In diesem Zusammenhang bietet Edgarton Sykes in seiner mit Anmerkungen versehenen Donnelly-Ausgabe eine interessante Erklärung für die Angewohnheit der Mayas, ihre Städte zu verlassen und sich neue zu bauen. Falls die Mayas ursprünglich aus Ländern östlich Mittelamerikas stammten, müssen sie in jenen Ländern gelebt haben, die seitdem versunken sind; sie waren folglich gezwungen, ihre Städte zu verlassen, als die Flut hereinbrach, und sich neue zu bauen, die dann auch irgendwann im Meer versanken. Diese Notwendigkeit, vor dem Meer zu fliehen, das ihre Städte und ihr Land verschlang, erklärt vielleicht — nach Sykes' Ansicht — die Angewohnheit der Mayas, eine Stadt aufzugeben und sich eine neue zu bauen, b e v o r das Meer sie einholte. Dadurch wird selbstverständlich nicht die allgemein anerkannte Theorie ungültig, nach der die Mayas ihre Städte verließen, wenn das umliegende, dem Dschungel abgerungene Ackerland ausgelaugt war. Aber es gibt unterseeische Maya-Ruinen vor der mexikanischen Küste in der Karibik und jene zahlreichen, kürzlich aus der Luft entdeckten »neuen« Unterwasserbauten, die viele Experten der Maya-Kultur oder einer sogar noch älteren zuschreiben.

Die offensichtliche kulturelle Rückentwicklung — oder vielmehr die mangelnde Weiterentwicklung von einem hohen Anfangsniveau — zeigt sich ebenfalls bei den Inkas, denn das Volk, das vor ihnen in ihrem Reich in Südamerika lebte, hinterließ Bauten, die sich jedem Versuch der Erklärung entziehen. Die Untersuchung der alten architektonischen Überreste Perus und Boliviens liefern keine Antwort auf die Frage, wie sie erbaut wurden. Die Steinblöcke von Cuzco zerfallen in zwei Kategorien — in jene, die die Inkas für ihre Paläste und Tempel aufschichteten, und in jene anderen Fundamente aus feinbehauenen, genau zusammengefügten riesigen Steinblöcken, die das Werk eines vor den Inkas lebenden Volkes sind, von dem nur noch Legenden berichten. Wie war es »primitiven« Menschen möglich, diese zyklopischen Blöcke, die größer sind als jene der ägyptischen Pyramiden, aus dem Felsen zu schlagen, sie zu behauen und durch das Gebirge zu transportieren? Und wie, falls sie nur primitive Techniken kannten, konnten die Vorläufer der Inkas diese Blöcke so präzis zusammenfügen? Und wenn sie, wie es ja offensichtlich der Fall war, imstande waren, die Blöcke nach einer von ihnen gewünschten Form zu behauen, warum wählten sie dann nicht die glatte Quaderform, die unendlich viel einfacher gewesen wäre als diese eigenartigen Formen mit den seltsamen Winkeln, die sie wie Teile eines riesigen, dreidimensionalen Geduldspieles zusammenfügten? Eine mögliche Antwort auf diese Frage wäre die Überlegung, daß sie dadurch die Gebäude erdbebensicherer machen wollten, da das Andengebiet sich in verhältnismäßig junger Vergangenheit geologisch außerordentlich stark verändert hat.

Eine andere rätselhafte zyklopische Ruine, jene der Stadt Tihuanaco am Titicacasee in Bolivien, fanden die Spanier bei ihrer Ankunft verlassen vor. Sie war aus riesigen Steinblöcken errichtet, von denen manche bis zu 200 Tonnen wiegen und die mit silbernen Bolzen zusammengefügt waren. (Diese silbernen Bolzen wurden von den Spaniern herausgezogen, worauf die Bauten bei den darauffolgenden Erdbeben einstürzten.) Steinblöcke von 100 Tonnen Gewicht waren als Fundament für die Mauern dieser Gebäude in die Erde eingelassen worden; und die 3,3 Meter hohen und 60 Zentimeter tiefen Türrahmen waren in einem Stück aus Stein herausgehauen. Nach den alten Legenden der Indianer war die Stadt von den Göttern erbaut worden. Man könnte fast glauben, daß die Erbauer Übermenschen waren, denn die gewaltigen Ruinen befinden sich in einer Höhe von 4300 Meter, in einem völlig unfruchtbaren Gebiet, das jetzt gar nicht die vielen Menschen ernähren könnte, die zur Errichtung derart gewaltiger Bauten nötig wären.

Einige südamerikanische Archäologen sind der Ansicht, daß Tihuanaco (wie die Erbauer ihre Stadt nannten, wissen wir nicht, da man keinerlei Hinweise darauf gefunden hat) in einer Zeit erbaut wurde, als das Land fast drei Kilometer tiefer als heute lag. Man hat in der Nähe tatsächlich einen uralten verlassenen Seehafen entdeckt. Diese Theorie stützt sich auf die geologischen Veränderungen der Anden-Kette, wie sie nach den Kalkablagerungen oder »Wassermarkierungs«-Linien, die man an den Klippen und Bergen gefunden hat, erfolgt sein müssen, und auf die Annahme, daß dieses Gebiet der Anden mit dem Titicacasee emporgeschoben wurde, was die Zerstörung der Stadt an ihrem Ufer wie auch die anderer Zentren dieser prähistorischen Kultur zur Folge hatte. Mastodon- und Toxodonknochen

sowie Skelettreste riesiger Faultiere, die man in den Gesteins-
schichten in der Nähe fand, sprechen für diese Höhenverände-
rung, denn diese Tiere hätten nicht in der jetzigen Höhe leben
können, genausowenig aber die Menschen, die zum Bau einer
solchen Stadt notwendig gewesen wären. Man hat in den Ruinen
Darstellungen dieser Tiere gefunden, die von den verschwundenen ursprünglichen Bewohnern dieses Gebietes auf Ton gemalt
worden waren.

Bolivianische Archäologen vermuten, daß Tihuanaca vor
10 000 bis 12 000 Jahren verlassen wurde, doch für eine genaue
Datierung muß noch sehr viel Arbeit geleistet werden. Allerdings erscheint der genannte Zeitpunkt, der ungefähr mit jenem
zusammenfällt, der Plato von den ägyptischen Priestern für
den Untergang von Atlantis angegeben wurde, sehr einleuch-
tend. Ein Teil der Erde versinkt, während ein anderer sich
hebt, wie bei einem unterirdischen Ausgleich zwischen den Be-
wegungen der Erdoberfläche. Ein interessanter Hinweis läßt die
Vermutung zu, daß bei dieser »Faltung« auch die Westküste
Südamerikas verändert wurde. Während eines ozeanographi-
schen Forschungsprogramms der Duke University im Jahr 1966
hielten Tiefseekameras von Menschenhand behauene Steinsäulen
auf einer 2000 Meter tiefen Unterwasserebene vor der peruanischen Küste fest, und die Tiefenmessungen ergaben ungewöhnliche Höhenunterschiede auf dem sonst flachen Meeresboden.

Dr. Maurice Ewing vom *Lamont Geological Observatory*
erklärte im Hinblick auf das Versinken von Ländern und den
ozeanischen Erdbebengürtel: »... Der Gegensatz von Spannung
ist Kompression, was eine Auffaltung der Erdoberfläche zur
Folge hat. Die Gebirgsketten der Kontinente, wie die Rocky
Mountains und die Anden, entstanden wahrscheinlich durch derartige Faltungen.«

Andere Spuren prähistorischer Zivilisationen Südamerikas
sind manchmal recht verwirrend, wie zum Beispiel das altmexikanische Kinderspielzeug mit Rädern. Einer Überlieferung zufolge hatten die Bewohner des alten Peru eine Hieroglyphenschrift entwickelt, die jener glich, die die mittelamerikanischen

Zivilisationen besaßen, doch verboten die Inkas sie (als unproduktiv?) und ersetzten sie durch ihr eigenes »Gedächtnis-System«, das aus bunten, geknoteten Schnüren bestand. Diese Schnüre, mit denen man die zu zahlenden Tribute, Abgaben und Steuern festhielt, bildeten vielleicht selbst eine Art von Schrift oder uraltem »Computer-Antwort-System«.

Es gibt ferner einige Bauten, die so gewaltige Ausmaße haben, daß sie unser Vorstellungsvermögen arg strapazieren. Ein großer Berg in Cholula in Mexiko, auf dem jetzt eine Kirche steht, war ursprünglich eine Pyramide. Sie soll als Zufluchtsort vor kommenden Fluten errichtet worden sein, doch eine Sprachverwirrung trieb die Erbauer auseinander. (Diese Legende klingt entschieden vertraut!) Ein Berg außerhalb Quitos in Ekuador hat eine derart regelmäßige Form, daß manche Forscher annehmen, er sei künstlich errichtet — also mit anderen Worten: eine gigantische Pyramide, obwohl sie einfach zu groß erscheint, als

Vergleich zwischen einem falschen oder vorspringend gebauten Nischenbogen in den Ruinen von Palenque, Mexiko, und Mykenä, Griechenland.

daß sie von Menschenhand geschaffen sein könnte. Die riesigen Pyramiden der Tolteken und Azteken waren Sockel für die auf ihrer Spitze thronenden Tempel — und diese »Häuser im Himmel« erregten kein geringes Staunen bei den Spaniern.

Solche wuchtigen Monumente und zyklopischen Steinanlagen finden wir in der gesamten atlantischen und der frühen Mittelmeer-Welt: Die geheimnisvollen Monolithe von Stonehenge, die Dolmen der Bretagne und Cornwalls, die neolithischen Befestigungsanlagen in Irland, Aran sowie auf den Kanarischen Inseln, die zyklopischen Wälle in Südspanien, die Fortsetzung des »Pyramiden-Gürtels« von Amerika durch Etrurien und Nordafrika bis nach Mesopotamien, die Paläste, Grabmäler, Tempel oder Höhlenanlagen auf Sardinien, Malta und den Balearen, und im archaischen Griechenland und in Mykenä ähnliche zyklopische Bauten wie auch den in Yucatán üblichen, vorspringend gebauten Nischenbogen.

Einige dieser megalithischen Anlagen mögen zu ganz bestimmten Zwecken erbaut worden sein, deren Sinn jedoch für uns schwer zugänglich ist. So die gewaltigen Steinkreise in Stonehenge, die nicht nur wegen der enormen Größe der Steine und der Frage, wie man sie dorthin transportierte und aufstellte, interessant sind, sondern ganz besonders im Hinblick auf den möglichen Grund, aus dem sie errichtet wurden. Die Mittelachse von Stonehenge war so angelegt, daß sie genau mit dem Sonnenaufgang zur Sommersonnenwende zusammenfiel. Andere Entdeckungen in Stonehenge scheinen zu bestätigen, daß es sich hier um eine Art riesige astronomische Uhr handelte, deren genaue Korrelationen erstaunlich präzise Kenntnisse ihrer Erbauer nicht nur auf dem Gebiet der Astronomie, sondern auch auf dem der sphärischen Trigonometrie widerspiegeln.

Bei Avebury entdeckte man eine weitere Reihe derartiger steinerner Kalenderanlagen und großflächiger, in die Erde gezeichneter Muster, die aber nur aus der Luft sichtbar sind. Sie erstrecken sich über eine so große Fläche, daß man ihr Steinmuster erst auf Luftaufnahmen erkennen und würdigen konnte.

Megalithische Ruinen in Westirland, Südengland sowie an der Westküste Frankreichs, Spaniens und Portugals scheinen dorthin zu zeigen, woher die ursprünglichen Erbauer kamen, die diese riesigen »Planetenuhren« aus Steinblöcken errichteten.

Jenseits des Atlantiks erstrecken sich etwa 240 Kilometer südlich von Lima auf einem ungefähr 100 Kilometer langen und 17 Kilometer breiten Abschnitt des wüstenhaften Nasca-Tals riesige Bodenmarkierungen, die sowohl geometrische Figuren und gerade Linien wie Darstellungen von Vögeln, Tieren und Menschen bilden. Diese in den Boden gekerbten Bilder sind derart großflächig, daß sie nur aus der Luft zu sehen sind und man sich fragt, wie die Künstler wußten, was sie taten, wenn sie ihr Werk nicht von oben überschauen und überprüfen konnten.

Die komplizierten Muster nicht parallel zueinander verlaufender Linien und an Landebahnen erinnernder Streifen sind sogar noch erstaunlicher; sie wurden, genau wie die bildhaften Bodenzeichnungen, erst 1939 zufällig von einem Flugzeug aus entdeckt, und zwar von einem Historiker, dessen Forschungsgebiet die alten Bewässerungsanlagen der Inkas waren.

Man glaubt, daß diese sogenannten Nasca-Linien von einem verschwundenen Indianervolk, den vor den Inkas lebenden Nascas, angefertigt wurden. Einer Theorie zufolge sollen die Linien mit der Konstellation der Gestirne während der Sonnenwende und Tag-und-Nachtgleiche in Zusammenhang stehen. In anderen Worten: Sie stellen einen gigantischen astronomischen Kalender zur Zeit des Nasca-Reichs dar und erinnern somit an Stonehenge und Avebury. Lokale Legenden schreiben sie der Göttin Orichana zu, die in »einem wie die Sonne strahlenden Schiff vom Himmel« auf die Erde herunterkam. (Man könnte annehmen, daß sie ein Luftschiff brauchte, um die Muster würdigen zu können, oder daß diese Muster und Streifen etwas mit Landeanlagen zu tun hatten.)

Auf jeden Fall haben die Nachkommen oder die heutigen Bewohner jener Gebiete, in denen man diese ungewöhnlichen und vielleicht höchst »funktionellen« Markierungen findet, den Zweck vergessen, zu dem sie einst angelegt wurden.

In der Bretagne dienten die langen Reihen von Menhiren (mächtige Steinpfeiler) und die genau ausbalancierten Dolmen (Steinblöcke, die jeweils auf mehreren Steinpfeilern liegen) vielleicht ebenfalls der astronomischen Datenbestimmung. Einer der Dolmen, der sogenannte »Sprechende Fels« ist allerdings in letzter Zeit zu Orakelzwecken benutzt worden, da er durch Wippen auf Fragen mit »ja« oder »nein« zu antworten scheint.

Als nächstes wäre das kulturelle Rätsel der uralten Felsmalereien von Lascaux, Altamira und anderen Orten in Europa zu nennen sowie die Höhlenmalereien der Sahara aus einer Epoche, als dieses Gebiet Nordafrikas noch keine Wüste war. Diese magischen Jagdzauber, welche Tiere und Jäger darstellen, findet man in verschiedenen Höhlen Spaniens, Frankreichs und Afrikas. Man schreibt sie im allgemeinen der prähistorischen Cromagnonrasse zu, einer voreiszeitlichen Kultur, die etwa 30 000 Jahre zurückliegt. Manche dieser Malereien sind recht primitiv, andere jedoch so raffiniert in ihrem Stilempfinden, der Komposition und Ausführung, daß man sie anderen prähistorischen Stämmen, die die gleichen Höhlen benutzten, zuschreiben möchte. Einige dieser Gruppen besaßen eine hochentwickelte und stilisierte Malkunst, die das Ergebnis einer jahrhundertelangen Entwicklung gewesen sein muß. Wenn man derartige Malereien betrachtet, erscheinen sie einem eigenartig modern und weitaus zeitnaher als viele Kunstperioden späterer Jahrhunderte. Woher kam diese Rasse empfindsamer Künstler, die zu jener Zeit plötzlich in Westeuropa und Nordafrika auftauchte? Waren sie die Flüchtlinge eines in den Atlantischen Ozean versunkenen Gebietes?

Keine der oben angeführten Übereinstimmungen oder anscheinend verwandten architektonischen Formen und Elemente liefert uns jedoch einen Beweis für die tatsächliche Existenz von Atlantis. Für diese spricht bei dem heutigen Stand unserer Kenntnisse nur eine Vermutung oder »berechtigte Annahme«, durch die, sollte sie sich eines Tages als zutreffend erweisen, viele scheinbar beziehungslose Fakten sich zu einem sinnvollen Ganzen zusammenfügen würden.

Prähistorische Höhlenmalerei aus Altamira, Spanien, die eine raffinierte Maltechnik auf der leicht gewölbten Felswand entsprechend der
Körperform des Tieres zeigt.

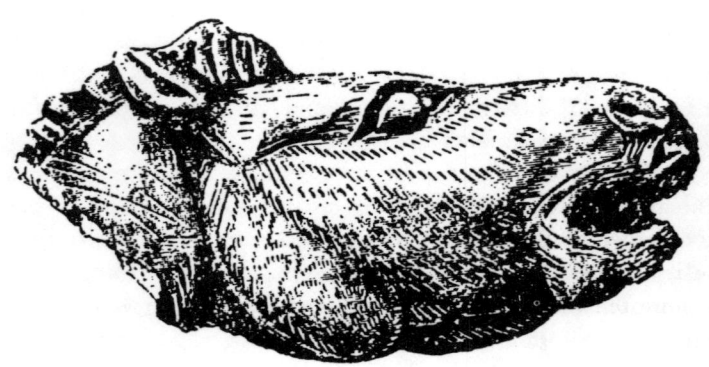

Aurignacien-Pferdekopf aus einer Höhle bei Mas d'Azil, Frankreich.

Man könnte diese berechtigte Annahme, die von der einstigen Existenz eines atlantischen Kontinents oder einer Landbrücke zwischen Europa und Amerika ausgeht, die prähistorische Erklärung des Atlantis-Rätsels nennen. Diese hypothetische Landverbindung würde auch die in Amerika gefundenen Knochen von Mammuten oder Elefanten, Löwen, Tigern, Kamelen und primitiven Wildpferden erklären. Obwohl die Spanier keine dieser Tierarten vorfanden, hat man die Knochenfunde eindeutig identifizieren können. Bochica, der den Chibcha-Indianern die Zivilisation brachte, soll der Legende nach mit seiner Frau auf Kamelen in Kolumbien angekommen sein.

Der Elefant — der auch ein Mammut gewesen sein mag — taucht als ein häufiges Motiv in der Kunst und Architektur der amerikanischen Indianervölker auf. Kannten sie ihn als lebendes Tier, oder rekonstruierten sie seine Gestalt nach den gefundenen Knochen? Auf jeden Fall scheinen sie gewußt zu haben, daß er

Umriß eines großen präkolumbischen »Elefanten«-Erdwalles in Wisconsin (Aufsicht) und eine in einem Erdwall in Iowa gefundene Pfeife.

einen Rüssel besaß. Man hat Darstellungen von Elefantenmasken und Kopfschmuck mit Elefantenmotiven auf Wandreliefs in Palenque (Yucatán) gefunden, und in Wisconsin gibt es heute noch einen großen Erdwall, der von oben gesehen die Seitenansicht eines Elefanten bildet. Passenderweise heißt er auch »Elefantenwall«. Weitere Elefantenabbildungen hat man auf Pfeifen in einem anderen Erdwall in Iowa entdeckt, der in früheren Zeiten von Indianern angelegt wurde. Und in Mittelamerika fand man aus der präkolumbischen Zeit stammende goldene geflügelte Elefanten, die als Anhänger getragen wurden. (Die naheliegende Bedeutung dieser Funde versuchte ein italienischer Kritiker mit dem Argument zu widerlegen, daß Elefanten keine Flügel hätten und diese wahrscheinlich auch früher nicht gehabt hätten. Aber wie steht es dann um die geflügelten Pferde unserer eigenen Kunst und Mythologie?)

A. Braghine schlägt in seinem Buch *The Shadow of Atlantis* (dt. *Atlantis*) eine andere Erklärung für die Verbindung vor, die zwischen Elefanten und Mammuten und den Landveränderungen besteht, die zeitlich mit dem vermuteten Versinken von Atlantis zusammenfallen. Er zieht eine Parallele zwischen den zahlreichen eingefrorenen Mammuten, die man in Sibirien fand und auf ein Alter von 12 000 Jahren schätzt, und einem ganzen Feld von Mastodonknochen, das man in der Nähe von Bogotá in Kolumbien entdeckte. Er glaubt, daß der Tod der Tiere in beiden Fällen durch eine abrupte Klimaveränderung erfolgte. Man fand einige der sibirischen Mammute in stehender Haltung mit noch unverdauter Nahrung im Magen, Pflanzen, die es in jenen Gebieten nicht mehr gibt. Es wird die Vermutung aufgestellt, daß diese Mammute in einem Schlamm-Meer ertranken, das anschließend einfror. Den plötzlichen Tod der Mastodone in Kolumbien, für den die vielen, auf einem Platz gefundenen Knochen sprechen, schreibt Braghine einem jähen Ansteigen des Terrains zu, in dem die Tiere grasten. Diese beiden Phänomene — das Ansteigen Südamerikas und die Überflutung der sibirischen Tundra — fanden seinen Berechnungen nach zum selben Zeitpunkt statt, der in jene Epoche der Weltgeschichte fällt, die Plato für das Versinken von Atlantis nennt.

Sehr viel bescheidenere Tiere sind ebenfalls zur weiteren Erhärtung der Theorie von der einstigen Landverbindung angeführt worden. Man findet dieselbe Art von Regenwürmern in Europa, Nordafrika und auf den Atlantischen Inseln. Und ein bestimmtes Süßwasserkrustentier kommt sowohl in Europa wie in Amerika vor. Manche Käferarten findet man nur in Amerika, Afrika und den Mittelmeerländern. Von den auf den Azoren und den Kanarischen Inseln heimischen Schmet-

Dieses Foto, das in über 30 Meter Tiefe aufgenommen wurde, zeigt die Ruinen einer alten Stadt in der Ägäis, 330 Meter vor Melos, der Insel der »Venus von Milo«. Die Säule links ist zwar abgebrochen, aber, ebenso wie die Mauer rechts, noch genau an jenem Platz, an dem sie sich befand, als die Stadt wahrscheinlich infolge eines vulkanischen Ausbruchs in das Meer sank.

Foto: Jim Thorne

Fliesen auf dem Grund des Ozeans. Sie wurden von Tauchern während der Untersuchung unterseeischer Ruinen in der Nähe von Bimini gefunden. Diese großen Fliesen haben einst vielleicht einen Hof, den Boden eines Palastes oder einer Tribüne bedeckt.

Foto: Jacques Mayol

Luftaufnahme der Unterwasseranlage vor der Insel Andros in der Karibik. Die Entdeckung dieser und ähnlicher Bauten haben der Prophezeiung von Edgar Cayce, daß im Jahr 1968 oder 1969 atlantische Ruinen aus dem Meer auftauchen würden, beträchtliche Glaubwürdigkeit verliehen.

Foto: Trig Adams

Luftaufnahme aus geringerer Höhe. Diese Unterwasseranlage wird häufig mit der Architektur der Mayas verglichen. *Foto: Trig Adams*

Hinweise auf Unterwasserbauten, Docks oder Tribünen, auf den Bahama-Bänken, wie man sie aus der Luft erkennen kann. Es wird angenommen, daß diese rechteckigen und geraden Formationen von bewachsenen Ruinen auf dem Meeresgrund herrühren.

Luftaufnahme eines Teils der versunkenen Hafenanlagen von Cenchreai in der Ägäis, die ein Absinken des Küstenlands im Mittelmeer anzeigt. Die alte Wasserlinie ist links von dem Boot zu erkennen und verläuft zur unteren rechten Ecke. Die Ruinen am linken Bildrand befinden sich über Wasser.

Foto: Adelaide de Mesnil

Amphore *(links)* und Fußboden *(oben)* aus dem Minoischen Kreta, die veranschaulichen, wie die Kunst Kretas sich mit dem Meer und seinen Geschöpfen — dem Reich Poseidons — beschäftigte.

Fotos: Natalie Derijinski

Heiße Quellen in Sao Miguel auf den Azoren, die an Platos Beschreibung der heißen und kalten Quellen von Atlantis erinnern.
Foto: Mit freundlicher Genehmigung des Comisao Regional de Turismo dos Acores

Luftaufnahme der *Sete Cidades* (Sieben Städte)-Seen von Sao Miguel auf den Azoren. Der eine See ist blau, der andere grün. Beide sind durch Legenden mit Atlantis und versunkenen Städten, die angeblich auf ihrem Grund ruhen, verbunden. Eine Legende erklärt die Farbe der Seen durch die letzte Prinzessin von Atlantis, die ihre smaragdenen Pantöffelchen in einem der Seen und ihren blauen Kopfschmuck im anderen verlor, als die sieben Städte von Atlantis versanken.

Foto: Mit freundlicher Genehmigung des Comisao Regional de Tourismo dos Acores

Blick auf Insel vor dem Hafen von Thera. Die Wasserfläche war früher Land, das die beiden Inseln verband, bevor Thera vor etwa 2500 Jahren auseinandergesprengt wurde. *Foto: Natalie Derijinski*

Luftaufnahme einer großen ringförmigen Unterwasseranlage mit dreifachen Mauern in der Nähe von Andros. Diese Mauern wurden offensichtlich zu einer Zeit errichtet, als die Bahama-Bänke noch aus dem Wasser ragten, also vor dem Abschmelzen der letzten Eiszeit.

Eine weitere Ansicht der Sieben-Städte-Seen. Man erkennt den Atlantischen Ozean im Hintergrund und die vulkanische Formation der Insel, die wie ein Berggipfel einer gewaltigen unterseeischen Gebirgskette aussieht.
Foto: Mit freundlicher Genehmigung des Comisao Regional de Tourismo dos Acores

Steilaufragende Berge auf Madeira, die ihre unterseeischen Gegenstücke im Atlantischen Ozean haben.

La Dama de Elche — »Die Dame von Elche«. Diese prähistorische Skulptur, die man bei Elche in Südspanien fand, ist ein Hinweis auf eine hochentwickelte prähistorische hispanische Kultur. Diese Plastik wurde als eine Priesterin von Atlantis bezeichnet und wird von vielen als ein Bindeglied zur atlantischen Prähistorie betrachtet.

Foto: Mit freundlicher Genehmigung der Hispanic Society of America

Alte mexikanische Darstellung eines Elefanten oder einer Figur, die eine Elefantenmaske trägt.

terlingen gibt es zwei Drittel ebenfalls in Europa und etwa ein Fünftel in Amerika. Ein bestimmtes Weichtier, *oleacinida*, findet man nur in Mittelamerika, Portugal u n d auf den Antillen, den Azoren und Kanarischen Inseln. Da Mollusken auf den Küstenfelsen und den küstennahen Unterwasserriffen sitzen und ihre »Kolonien« nur bei ganz bestimmten Temperaturen ausdehnen, muß es einst irgendwelche Landverbindungen oder flache Meeresriffe gegeben haben, da sich ihr Vorkommen in so weit voneinander entfernten Gebieten anders nicht erklären läßt.

In der Nähe von Cueva de los Verdes auf Lanzarote (Kanarische Inseln) gibt es in einer Höhle einen Salzwasserteich, in dem das Wasser mit den Gezeiten steigt und fällt. In diesem Teich hat man kleine Krustentiere, die blinden *munidopsis polymorpha*, entdeckt, die es sonst nirgends gibt. Eine verwandte, allerdings nicht blinde Art, die *munidopsis tridentata*, lebt fast 750 Meter tief ringsum im Atlantik. Die Forscher, die sich mit diesem Phänomen befaßt haben, sind der Ansicht, daß die blinden *munidopsis* vor Tausenden von Jahren in dem Höhlenteich wie in eine Falle gerieten und im Laufe der Zeit die Sehkraft verloren.

Als man die Azoren-Inseln entdeckte, gab es dort Kaninchen, was auf eine einstige Landverbindung schließen läßt; es sei denn, die Karthager brachten die Kaninchen auf die Azoren mit, doch erscheint das recht unwahrscheinlich.

Kehren wir jedoch zu größeren Tieren zurück. Die Tatsache, daß Menschen, Rinder, Schafe und Hunde auf den Kanarischen Inseln lebten, als diese im 14. Jahrhundert entdeckt wurden, wäre einfacher zu erklären, sind diese Inseln doch nicht weit von Afrika entfernt, wenn man bei der Entdeckung der Inselgruppe nicht festgestellt hätte, daß die Bewohner keine Boote besaßen, was bei einer Inselbevölkerung wirklich höchst ungewöhnlich ist.

Interessant ist ebenfalls, daß man die Mönchsrobbe im Azorengebiet findet, obwohl Seehunde im allgemeinen nicht mitten im Ozean anzutreffen sind. Mit der Atlantis-Theorie ließe sich das dahingehend erklären, daß die Robben sich wahrscheinlich entlang einer Küstenlinie ausbreiteten, die mehr oder weniger die Alte und die Neue Welt miteinander verband, und wie andere Tiere durch die Katastrophe biologisch abgeschnitten wurden. Man wird in diesem Zusammenhang an Aelians Bericht über die »Schafe des Meeres«, aus deren Fell die Stirnbänder der »Herrscher von Atlantis« bestanden, erinnert.

Bestand die gesamte Fauna der Atlantischen Inseln — Mollusken, Krustazeen, Schmetterlinge, Kaninchen, Ziegen, Seehunde und Menschen — aus biologisch Überlebenden einer Katastrophe, die auf den kleinen Inseln, den Berggipfeln eines versunkenen Kontinents von der übrigen Welt isoliert wurden?

Schließlich gibt uns die Bronzezeit noch einige interessante Hinweise. Der Mensch entdeckte die Bronze — eine Legierung von Kupfer und Zinn — viele Jahrhunderte vor dem Eisen. Bronze wurde in West- und Nordeuropa verwendet, aber auch von den Inkas in Peru und den Azteken in Mexiko. Wir finden ständig neue Beweise dafür, daß die Bronzezeitkulturen Spaniens, Frankreichs, Italiens, Nordafrikas und sogar die Nordeuropas weitaus höher entwickelt waren, als man ursprünglich annahm. Während die amerikanischen Indianer — soweit wir das heute beurteilen können — nie Bronze herstellten, kannten sie bestimmte Kupferamalgame. Die Kupferminen in der Nähe des Oberen Sees lassen auf prähistorische Bergbautätigkeit in einer so weit zurückliegenden Zeit wie 6000 v. Chr. schließen. Andere Indianerstämme waren erfahrene Metallurgen. So haben uns die einst in Mexiko und Mittelamerika lebenden Völker ebenso schöne wie in der Herstellung komplizierte Artefakte und Schmuckstücke aus Edelmetallen hinterlassen. Die Inkas förderten gewaltige Mengen an Gold und Silber, das sie nicht zu Zahlungszwecken benutzten, sondern zu rein schmückenden Gegenständen verarbeiteten, die entweder für ihren religiösen Kult oder den kaiserlichen Haushalt bestimmt waren. Gold hieß bei den Inkas »Tränen der Sonne« und Silber »Tränen des Mondes«; und die Gärten der Inkas enthielten nach den Berichten der spanischen Konquistadoren kunstvoll geschmiedete silberne Bäume mit goldenen Vögeln.

Der Gebrauch von Schmiedeeisen kam anscheinend aus Zentralasien und verbreitete sich von dort nach Osten und Westen, während sein Vorläufer, die Bronze, in einem Gebiet bekannt war, das mit einem großen, um den Atlantik gezogenen Kreis zu erfassen ist und Teile Nord- und Südamerikas, Nordeuropas sowie des Mittelmeerraumes umschließt.

Ein besonders interessantes Beispiel für die Bronzezeit im Mittelmeerraum ist die Kultur der Etrusker, die sich mit ihren Streitwagen und Waffen aus Bronze nicht gegen die Römer zu behaupten vermochten und vom Gang der Geschichte überrollt wurden; sie hinterließen schriftliche Aufzeichnungen in einem Alphabet, das man noch nicht hat entschlüsseln können. Es ist ein eigenartiger Zufall, daß Plato ausdrücklich das Land der Etrusker — Ligurien — als eine Kolonie von Atlantis nennt.

Die bronzezeitliche Kultur erstreckte sich in Nordafrika bis nach Nigerien, wo das alte Volk der Jorubas eine hochentwickelte Zivilisation besaß. Unter den Bronzestatuen, die man in Ife in Nigerien fand, gibt es ein besonders interessantes Beispiel dafür: der Kopf von Olokun, dem Gott des Meeres, der, wie Poseidon, ebenfalls der Herr der Meere war — und der Erdbeben!

Wenn man die Übereinstimmungen zwischen den prähistorischen Bronzezeit-Kulturen und den durch sie gebildeten Halbkreis um den östlichen Atlantik unter Einschluß des Mittelmeers betrachtet, wird man unwillkürlich an die Ähnlichkeit der Namen erinnert, die ungefähr den gleichen Halbkreis nachzeichnen — Atlas, Antilla, Avalon, Arallu, Ys, Lyonesse, Az, Ad, Atlantik, Atalaya ebenso wie die »amerikanischen« Namen Aztlán, Atlán, Tlappallan usw. — Namen, die ein versunkenes Land oder Paradies bezeichnen, die Urheimat oder das Land, aus dem einst die Überbringer aller Kultur und Zivilisation kamen und das im »Westlichen« oder »Östlichen« Meer lag, je nachdem, auf welcher Seite des Ozeans die Legenden davon erzählen.

Wenn wir versuchen würden, einige der geheimnisvollen Rätsel der Vorgeschichte zu lösen — wie vieles ließe sich nicht durch die Atlantis-Theorie erklären! Durch die Hypothese, daß es einst einen Kontinent in der Mitte des Atlantiks gab, von dem aus sich eine bedeutende prähistorische Zivilisation entwickkelte und ausbreitete, dieses Inselreich jedoch durch eine Katastrophe versank, könnten wir verblüffende kulturelle Übereinstimmungen und die gleichen Sintflutlegenden in der Alten und Neuen Welt erklären; ebenso die Verbreitung bestimmter Tier- und Menschenrassen, das Emporsteigen und Absinken von Landmassen, kulturelle Rückentwicklungen, die Hinweise auf verlorenes Wissen und in Vergessenheit geratene Techniken, die nur in Legendenform erhalten blieben, die Beweise einer hochentwickelten Kunst in prähistorischen Menschheitsepochen und — mit einem Wort — den Ursprung und die Ausbreitung aller Kultur und Zivilisation schlechthin. Doch wie praktisch diese Hypothese auch sein mag, sie ist und bleibt auf Grund mangelnder Beweise vorerst noch eine Theorie — und Theorien müssen nun einmal stichhaltig bewiesen werden.

Wir sind durch unsere zukunftsorientierten wissenschaftlichen Untersuchungen der Gegenwart nunmehr unvergleichlich viel besser imstande, die Vergangenheit zu erforschen. Der Zeitpunkt, zu dem man die ersten Anfänge der menschlichen Kulturentwicklung vermutet, ist immer weiter zurückverlegt worden und weist jetzt in eine nur durch Legenden erfaßte Epoche — in eine ferne Vergangenheit, die ungefähr der Zeit entspricht, die Plato für das Versinken von Atlantis angab. Durch den Stand unseres heutigen Wissens, die archäologischen Forschungen, die neuen Datierungstechniken, die Entschlüsselung bisher noch nicht dechiffrierter Schriften durch Computer und die modernen Methoden der Unterwasserforschung sind wir heute besser denn je in der Lage, den Zeitpunkt der ersten Kulturanfänge zu ermitteln und gleichzeitig damit die Atlantis-Theorie zu beweisen oder zu widerlegen. Obwohl einige frühere Theorien über Atlantis einer gründlichen Überprüfung nicht standhielten, haben andere Entwicklungen und Entdeckungen gewisse Aspekte der Atlantis-Theorie bestätigt und sogar neue Begründungen für sie erbracht.

8

Einige Atlantis-Theorien

Von der Entdeckung Amerikas bis zum heutigen Tag haben Philosophen und Schriftsteller ihre Theorie über Atlantis aufgestellt. Francis Bacon äußert zum Beispiel in *Nova Atlantis* (1638) die Meinung, daß Platos Atlantis ganz einfach Amerika war. Die Handlung von Shakespeares *Sturm*, der auf einer Insel im Atlantik spielt, wird manchmal dem wiedererwachten allgemeinen Interesse an Atlantis und im Atlantik versunkenen Inseln zugeschrieben. Athanasius Kircher, der sich ebenfalls mit diesem Fragenkreis beschäftigte, griff in seinem Werk *Mundus subterraneus* (1665) die Ansicht wieder auf, daß Atlantis eine atlantische Insel war. Er hinterließ uns eine berühmt gewordene Karte von Atlantis und seiner Lage zu Europa und Amerika. Diese Karte steht allerdings für unsere Art der Betrachtungsweise auf dem Kopf, da Süden oben ist und Norden unten.

Sogar Voltaire reizte das Thema, wie wir auf Grund einer Widmung in dem 1779 erschienenen Werk des französischen Astronomen Jean Silvain Bailly, *Lettres sur l'Atlantide de Platon et l'ancienne histoire de l'Asie*, annehmen können. Bailly vermutete Atlantis zu einer prähistorischen Zeit im hohen Norden, als die Arktis ein tropisches Klima hatte. Man nimmt an, daß Voltaire die Ansichten Baillys teilte, obwohl das schwierig zu beweisen ist, vor allem angesichts Voltaires Skepsis gegenüber den meisten Institutionen und Theorien seiner Zeit.

Dagegen ist eindeutig erwiesen, daß in Teilen der Arktis und Antarktis einst Tropenklima herrschte. In Alaska, im Norden Kanadas und in Grönland haben Bulldozer in den vergangenen Jahren verschiedentlich die Überreste von Säbelzahntigern —

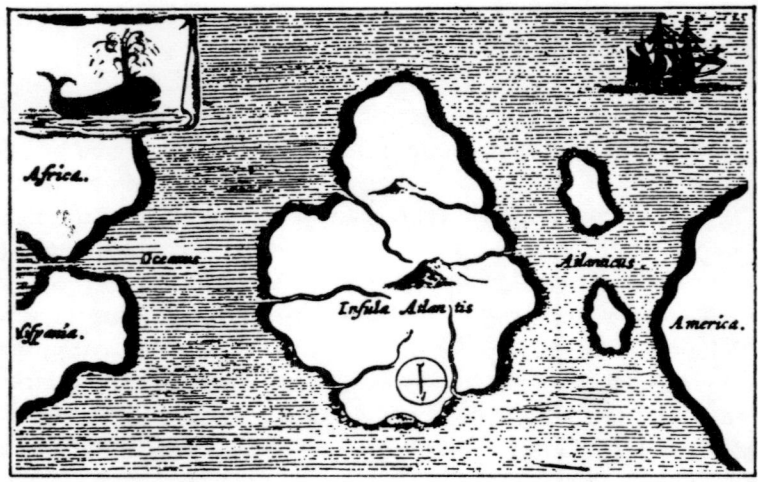

Athanasius Kirchers Karte von Atlantis aus dem 17. Jahrhundert (Norden ist unten), die folgende Unterschrift trägt: »Lage der jetzt vom Meer verschlungenen Insel Atlantis, gemäß dem Glauben der Ägypter und Platos Beschreibung.«

einer ausgestorbenen Tigerart — und anderen Tieren zutage gefördert, die in einem wärmeren Klima heimisch sind. Diese Tatsache hat jedoch als solche keinen direkten Einfluß auf die Atlantis-Theorie und ist nur ein weiterer Beweis für die großen Klimaveränderungen, die auf der Erde stattgefunden haben.

Unter den moderneren Theorien über Atlantis bildeten sich im 19. Jahrhundert zwei wichtige Strömungen heraus, von denen die eine von der Annahme ausging, daß Atlantis eine atlantische Insel war und eine Landbrücke zwischen Europa und Amerika bildete; die zweite vermutete das einstige Atlantis in Nord- oder Nordwest-Afrika, und zwar zu einer Zeit, als die Sahara noch keine Wüste war.

Die erste Theorie erhielt einen enormen Auftrieb durch Ignatius Donnelly und sein 1882 veröffentlichtes, hier schon mehrfach zitiertes Werk *Atlantis — Myths of the Antediluvian*

World (dt.: *Atlantis, die vorsintflutliche Welt*), das fünfzig
Auflagen erreichte und auch heute immer wieder neu aufgelegt
wird. Es übte einen derart starken und nachhaltigen Einfluß
auf die Atlantis-Forschung aus, daß es trotz all seiner zahlreichen Irrtümer und euphorischen Übertreibungen eine gründ-
liche und in Anbetracht seiner Entstehungszeit sogar recht
wohlwollende Überprüfung verdient. Donnellys Ausführungen
haben, was ihre Kühnheit und ihren Tenor fester Überzeugung
betrifft, bis heute nicht ihresgleichen gefunden.

Donnelly wurde in seiner Atlantis-Theorie möglicherweise
von Bory de Saint-Vincent beeinflußt, der 1803 in einem Artikel schrieb, die Azoren und die Kanarischen Inseln seien Überreste von Atlantis; er fertigte außerdem eine Atlantis-Karte nach
den Aussagen der klassischen Autoren an. Donnelly wurde
außerdem wahrscheinlich von Brasseur de Bourbourg und Le
Plongeon, zwei französischen Gelehrten, bekräftigt, die in Mexiko und Guatemala lebten, die Sprache der Mayas erlernten
und interpretierende, aber nicht näher zu überprüfende Übersetzungen von Teilen der wenigen damals noch erhaltenen
Maya-Texte anfertigten. Die beiden Franzosen versuchten zu
beweisen, daß die Mayas Nachkommen der Flüchtlinge von
Atlantis waren. Donnelly lehnte sich vielleicht auch an Hosea
(1875), einen amerikanischen Forscher, an, der die indianischen
Kulturen mit denen des alten Ägyptens gleichsetzte.

Donnelly behauptet, daß Atlantis die erste Weltkultur war,
die zivilisatorische Kolonialmacht der Küsten des Atlantiks, des
Mittelmeers, der Ostsee, des Schwarzen und Kaspischen Meers,
der Küsten Süd- und Mittelamerikas, der Ufer des Mississippi-
Tals und sogar der Küsten Indiens und eines Teiles von Zentralasien; auch das Alphabet sei in Atlantis erfunden worden. Donnelly hielt das durch eine ungeheure Naturkatastrophe verursachte legendäre Versinken dieses atlantischen Inselreichs für
eine historische Tatsache, die sich in den Sintflutlegenden mani-
festierte. Er glaubte, daß die Mythen und Legenden des Altertums ganz einfach verschleierte oder konfuse Versionen der tatsächlichen Geschichte dieses atlantischen Kontinents darstellten.

Donnelly versuchte auf wissenschaftlicher Basis Licht in das
Dunkel um Atlantis zu bringen; er überprüfte die Glaubwürdigkeit von Platos Bericht und unterzog die geschichtlich überlieferten Erdbeben und großen Flutkatastrophen sowie das Auftauchen und Versinken von Meeresinseln einer sorgfältigen Prüfung.
Als Beweis dafür, daß eine so gewaltige Landmasse durchaus
versinken kann, führt er Erdbeben an, die in der Vergangenheit
bedeutende Landverluste auf Java, Sumatra und Sizilien be-
wirkten, sowie das Versinken einer fünftausend Quadratkilometer großen Fläche vor der jetzigen Mündung des Indus.

Für Donnelly scheint jedoch der Atlantische Ozean das un-
stabilste und veränderlichste Gebiet der Erdoberfläche zu sein.
Er verweist auf die Erdbeben des 18. Jahrhunderts auf Island
und das Auftauchen einer Insel, auf die der dänische König Besitzanspruch erhob, die aber wieder versank. Die Kanarischen
Inseln, die »vielleicht einen Teil des atlantischen Reiches« bildeten, wurden im 18. Jahrhundert von einer Reihe von Erdbeben
heimgesucht, die sich über einen Zeitraum von fünf Jahren erstreckten. Bei seiner Schilderung des großen Erdbebens von
Lissabon, das sich gleichfalls im 18. Jahrhundert ereignete, in
»gerade jenen Gegenden, welche der ehemaligen Insel Atlantis
am nächsten liegen«, sagt er: »Binnen 6 Minuten kamen 60 000
Menschen ums Leben! Auf einen neugebauten Hafen-Quai, der
ganz aus Marmor hergestellt war, hatte sich eine große Men-
schenmenge geflüchtet; plötzlich sank das Ganze mit allem, was
darauf war, unter, und nicht eine einzige Leiche kam jemals wieder zum Vorschein. Eine große Anzahl kleiner Boote und Schiffe,
die in der Nähe ankerten und ebenfalls mit fliehenden Menschen
übersät waren, wurden gleichzeitig wie in einem Wirbel in das
Wasser hineingedreht und verschwanden; auch von diesen Schiffen ist kein einziges Wrack jemals wieder an die Oberfläche gekommen, und wo einst der Marmorquai stand, ist jetzt das Wasser 600 Fuß tief. Groß war der Umkreis, in dem sich dieses
Erdbeben bemerkbar machte. Humboldt sagt, von der ganzen
Erdoberfläche sei ein Areal, zweimal so groß als ganz Europa,
gleichzeitig erschüttert worden. Das Erdbeben zog sich von der

Ostsee bis nach West-Indien und von Canada bis Algier. In Marokko öffnete sich der Boden und verschlang ein ganzes Dorf mit 10 000 Einwohnern und schloß sich wieder über ihren Köpfen.

Es ist sehr möglich, daß der Central-Herd dieses Erdbebens unter dem Meeresgrunde des atlantischen Oceans lag, entweder direkt unter der versunkenen Insel Atlantis, oder doch nicht weit davon; und daß es ein Nachzittern jenes vulkanischen Todeswehens war, das einst diese Insel in das Verderben stürzte.«

Donnelly fährt mit seiner Beschreibung des atlantischen Erdbebengürtels fort: »Während wir Lissabon und Irland, beide östlich von Atlantis liegend, denselben großen Erderschütterungen ausgesetzt sehen, sind auch die Westindischen Inseln, westlich von Atlantis liegend, wiederholt in ähnlicher Weise heimgesucht worden. Im Jahre 1692 litt Jamaika unter einem heftigen Erdbeben ... In der Umgebung der Stadt Port Royal sank in weniger als einer Minute eine ganze Landzunge von tausend Acker Umfang hinab, und die See brach sofort über ihr zusammen.«

Obwohl Donnelly mit seinen vor 1882 verfaßten Schriften nicht die Zerstörung Martiniques durch den Ausbruch des Mount Pelée im Jahr 1901 voraussehen konnte, dürfen wir annehmen, daß seine Betroffenheit über das schreckliche Unglück durch die Überlegung gemildert worden wäre, daß die Katastrophe einen weiteren Beweis für die Richtigkeit seiner Theorien erbrachte.

Als Donnelly auf die Azoren zu sprechen kommt, die »ganz unzweifelhaft die höchsten Spitzen der Berge von Atlantis« sind, erklärt er, daß die Vulkane des versunkenen Atlantis noch manche Überraschung für die Zukunft bergen mögen: »... Im Jahre 1808 erhob sich auf San Jorge ein Vulkan plötzlich bis zur Höhe von 3500 Fuß und brannte sechs Tage lang, wodurch die ganze Insel verwüstet wurde. Im Jahre 1811 erhob sich unweit der Insel San Miguel ein Vulkan aus der See, der eine neue, 300 Fuß hohe Insel bildete, die man Sambrina nannte, die aber bald wieder unter dem Wasserspiegel verschwand. Ähnliche vulkanische Ausbrüche fanden auf den Azoren auch 1691 und 1720 statt.

Auf der Oberfläche unseres Planeten finden wir eine mächtige vulkanische Aufbruchslinie, die sich in einer fortlaufenden Kette thätiger oder erloschener Vulkane zu erkennen gibt. Auf Island haben wir Öráfa und Hekla, den Rauda und Kamba; auf den Azoren den Pico; auf den Canaren den Teneriffa; auf den Kap Verde-Inseln den Togo; während wir von erloschenen Vulkanen einige auf Island kennen, zwei auf Madeira; und ebenso wissen wir, daß die Inseln Fernando de Noronha, Ascension, St. Helena und Tristan d'Acunha vulkanischen Ursprungs, ja eigentlich selber nur erloschene Krater sind ... Alle diese Dinge scheinen anzuzeigen, daß die großen vulkanischen Feuer, die einst Atlantis zerstörten, noch heute in der Tiefe des Oceans weiterglimmen. Es ist daher gar nicht ausgeschlossen, daß dieselben schrecklichen Erschütterungen der Erdrinde, durch welche die Insel des Plato untersank, dieselbe oder wenigstens Teile der Insel mit ihren begrabenen Schätzen einst wieder an das Tageslicht bringen.«

Donnelly führt die Verbreitung gewisser Tiere als Beweis für ehemalige »Landbrücken« über den Atlantik an und stellt die Vermutung auf, daß die Banane und andere samenlose Pflanzen von zivilisierten Menschen nach Amerika gebracht wurden. Er zitiert den deutschen Botaniker Otto Kuntze wie folgt: »Eine kultivierte Pflanze, die keinen Samen hat, muß schon für eine sehr lange Periode unter Kultur gewesen sein — wir haben in Europa keine einzige durchaus samenlose beerentragende Kulturpflanze, daher dürfte wohl der Schluß erlaubt sein, daß diese Pflanzen schon bei Anbruch der mittleren Diluvialperiode unter Kultur gestanden haben.« Donnelly fügte diesem Zitat mit kategorischer Gewißheit hinzu: »Eine Civilisation wie diejenige, welche zur Erreichung eines solchen Resultates notwendig war, und deren Land das dazu bedingte Klima besaß, finden wir nach Plato nirgends anders als in Atlantis. Dieses Land reichte mit seinen Nachbarinseln bis gegen 150 Meilen weit im Osten an die europäischen Küsten heran, und auf der entgegengesetzten Seite berührte es fast die westindischen Inseln; durch seine verbindenden Landstreifen im Süden waren obendrein Brasilien und Afrika miteinander in Verbindung gebracht.«

Donnelly sah in den auf der ganzen Welt sich ähnelnden Flutlegenden, die er eingehend studierte und überprüfte, einen weiteren Beweis für das Versinken von Atlantis. Einem bestimmten Detail mißt er besondere Bedeutung zu, und zwar dem Schlamm, der laut Plato (und den Phöniziern) den Atlantik nach dem Versinken von Atlantis unbefahrbar machte. Donnelly schreibt hierzu: »Dies ist eine jener Stellen in Platos Erzählung, welche den Zweifel und selbst den Spott der alten, ja sogar der modernen Welt herausforderte. Wir finden aber in der chaldäischen Sage etwas ganz Ähnliches: Khasisatra sagt dort: ›Ich blickte aufmerksam auf die See und sah, daß das ganze Menschengeschlecht in Schlamm verwandelt war.‹ Im ›Popol Vuh‹ heißt es, daß eine ›harzige Masse fiel vom Himmel herab‹.

Die Tiefsee-Forschungen des Schiffes *Challenger* haben ferner bewiesen, daß das ganze unterseeische Hochplateau im atlantischen Ozean, wovon Atlantis eben ein Teil war, bis auf den heutigen Tag mit einer dicken Schicht vulkanischer Niederschläge bedeckt ist.

Wir möchten hier auch an die Städte Pompeji und Herculanum erinnern, die beim Ausbruch des Vesuv im Jahre 79 n. Chr. mit einer solchen Menge vulkanischer Asche bedeckt wurden, daß sie siebzehn Jahrhunderte lang in einer Tiefe von 15 bis 30 Fuß begraben lagen ... Wir sahen weiterhin auch, daß im Jahre 1783 ein vulkanischer Ausbruch auf Island die See in einem Umkreis von 150 Meilen mit Asche bedeckte, ›und Schiffe waren in ihrem Laufe bedeutend behindert‹.

Die Eruption auf der Sunda-Insel Sumbara im April 1815 warf sogar solche Mengen Asche empor, daß der Himmel verfinstert wurde. ›Die Aschenteile bildeten, gegen Westen treibend, am 12. April eine Masse, 2 Fuß dick und viele Meilen im Umkreis, durch welche sich die Schiffe nur mit größter Mühe einen Weg erzwingen konnten.‹

Plato hat also die Genugthuung, daß gerade diese Erscheinung, deren Beschreibung den Spott der Gelehrten herausforderte, in sich selber einen Wahrheitsbeweis für seine ganze Erzählung enthält. Es ist sehr wahrscheinlich, daß die Schiffe der Atlantiner, als sie nach dem Unwetter zurückkehrten, um ihr Heimatland zu suchen, die See ganz unfahrbar gefunden haben, der großen Menge Asche und Schlammes wegen. Sie kehrten entsetzt nach den europäischen Küsten zurück; und der schwere Schlag, den die Civilisation der ganzen Welt durch den Untergang von Atlantis erhalten hatte, war es vielleicht, welcher einer jener großen Rückschrittsperioden in der Geschichte des Menschengeschlechts hervorrief, während welcher aller und jeder Verkehr mit dem westlichen Kontinent abgeschnitten war.«

In seiner Begeisterung für die Erklärung der Geschichte durch die Atlantis-Theorie behauptete Donnelly, daß bis vor noch gar nicht langer Zeit »fast alle Künste und Fertigkeiten, die wir heute besitzen und als wesentliche Bestandteile der Civilisation betrachten, bis auf die Zeiten von Atlantis zurückdatieren, ganz sicherlich nachweisbar aber bis auf jene alt-egyptische Cultur, die der atlantinischen Cultur nicht nur zeitgenössisch war, sondern die dieser sogar direkt entsprossen ist.

Seit sechstausend Jahren hat die Welt keinen eigentlichen Fortschritt mehr gemacht und steht noch immer auf derselben Kulturstufe, die wir von Atlantis übernommen haben.«

Nachdem er das Alter der wichtigen Erfindungen der frühen Zivilisation hervorhebt, stellt er die Vermutung auf, daß diese Erfindungen von einem zentralen Punkt ausgingen. Und zur Untermauerung dieser Annahme erklärt er: ». . . Wir können unmöglich glauben, daß große Erfindungen in spontaner Weise in verschiedenen Ländern doppelt gemacht worden sind, wie man uns so gerne glauben machen will; es entspricht nicht der Wahrheit, wenn man sagt, daß der Mensch, von der Not gedrängt, immer auf dieselben Erfindungen verfallen müsse, um sich seine Lage zu verbessern. Denn wäre das der Fall, dann müßten alle

Wilden den Bumerang erfunden haben; alle Wilden müßten die Töpferkunst verstehen, Pfeile und Bogen und Tierfallen, Zelte und Canoes besitzen, kurz alle Menschenrassen würden eben zur Civilisation emporgestiegen sein, denn die Annehmlichkeiten dieses Lebens sind doch dem einem Volke sicherlich ebenso angenehm und begehrenswert wie dem andern. Jede civilisierte Rasse dieser Welt hat, wie wir zeigen werden, einen Teil ihrer Kultur aus den frühesten Zeiten übernommen; wie ›alle Wege nach Rom führen‹, so führen alle Strahlenlinien der Civilisation rückwärts bis nach Atlantis.«

Um die Theorie von der Ausbreitung der atlantischen Kultur auf beiden Seiten des Atlantiks zu erhärten, schreibt er: ». . . Wenn wir auf beiden Seiten des atlantischen Oceans ganz genau dieselben Künste, Wissenschaften, religiösen Vorstellungen, Gewohnheiten, Gebräuche und Traditionen vorfinden, so ist es gewiß absurd, zu behaupten, daß die Völker dieser beiden Kontinente, ganz getrennt voneinander durch ganz genau dieselben Entwickelungsstufen, gegangen und bei genau denselben Zielen angelangt sein sollten . . .«

Er zeigt im Anschluß daran viele überzeugende Übereinstimmungen zwischen dem alten Amerika der Indianer und dem europäischen Altertum auf, und das sowohl in ihren Legenden, ihren religiösen Vorstellungen (das gilt ganz besonders für den Sonnenkult), ihren magischen Riten, ihrem Geister- und Dämonenglauben, ihren Überlieferungen von einem Garten Eden, in dem immer wiederkehrenden Gebrauch gewisser Symbole wie dem Kreuz und dem Hakenkreuz, in den Bestattungsbräuchen und der Mumifizierung der Toten; Ähnlichkeiten finden sich gemäß Donnelly sogar in pseudo-medizinischen Bräuchen wie der Beschneidung und jenem Brauch, bei dem der Vater gleichzeitig mit der Mutter die Geburt des Kindes simuliert, sowie dem Einbinden der Köpfe der Säuglinge, um eine längliche Kopfform zu erzielen, wie es bei so weit voneinander entfernt lebenden Völkern wie den Mayas, den Inkas, den alten Kelten und Ägyptern üblich war.

Donnelly mag bei diesen Überlegungen direkt von Plato beeinflußt worden sein, der über die Legende von Phaëton, der seines Vaters (Helios) Sonnenwagen auch einmal über den Himmel lenken wollte, die Pferde aber nicht zu zügeln vermochte und umkam, unter anderem sagt, »obwohl es die Form eines Mythos hat, bezog es sich doch in Wirklichkeit auf die Aktionen himmlischer Wesen und oft wiederkehrender Katastrophen oder Feuersbrünste«. Für Donnelly sind alle griechischen Mythen geschichtliche Berichte. Er bezeichnet die Geschichte von Atlantis als den »Schlüssel« für die gesamte griechische Mythologie und behauptet, daß die »Götter der Griechen nur die vergötterten Könige von Atlantis« waren, »menschliche Wesen«, die »in einem Gesellschaftszustand [lebten], der eigentlich nichts weiter war als das vergrößerte Abbild der sozialen Zustände auf der Erde. Raufereien, Liebeleien, Parteigezänk, alles das kam dort ebensogut vor wie unter den Menschen ... Die Geschichte von Atlantis könnte man sehr wohl wenigstens teilweise aus der Mythologie Griechenlands rekonstruieren, denn es ist eine Geschichte von Königen, Königinnen, Prinzen und Prinzessinnen; eine Geschichte, die von Werbung und Ehebrüchen, von Kriegen und Revolutionen und Mord und Totschlag spricht, von Seereisen und Kolonisation, von Palästen, Tempeln und Werkstätten, von Waffenfabrikation und Metallbearbeitung, von Wein und Korn und Weizen und Rindern, Schafen, Pferden und Landwirtschaft überhaupt. Wer könnte daran zweifeln, daß alles das die Geschichte eines wirklich existierenden Volkes darstellt?«

Und er folgert daraus: »... Die ganze griechische Mythologie ist sonach nur die Erinnerung eines degenerierenden Volkes an ein großes mächtiges und zivilisiertes Reich, das in unvordenklicher Zeit aus großen Teilen von Europa, Asien, Afrika und Amerika bestand ...«

Donnelly bietet eine reizvolle Erklärung für die Art und Weise, durch die historische Persönlichkeiten des alten atlantischen Reichs die Götter anderer Völker wurden. (Man darf dabei nicht vergessen, daß er dieses Buch schrieb, als das Britische Empire sich auf der Höhe seiner Macht befand.)

»Nehmen wir einmal an, im Verlaufe des heutigen Tages

wären die großbritannischen Inseln mit allen Einwohnern, mit all ihrem reichen Kulturleben, von demselben Schicksal ereilt worden, sie wären bis auf die höchsten Spitzen der schottischen Berge in das Meer hinabgesunken. Welch ein überwältigender Schrecken würde sich Englands Kolonien, ja der ganzen Menschheit darob bemächtigen! Nehmen wir weiter an, die Welt sei anläßlich dieses Ereignisses in tiefste und allgemeine Barbarei zurückversunken. Leute wie Wilhelm der Eroberer, Richard Löwenherz, Alfred der Große, Cromwell und Königin Viktoria mögen zwar in der Erinnerung späterer Generationen nur noch als Götter und Dämonen weiterleben; aber die Erinnerung an jene ungeheuerliche Katastrophe, durch welche das Mutterland, das Centrum eines Weltreiches, einem plötzlichen Untergang verfiel, würde nun und nimmermehr aus dem Gedächtnis der Menschen entschwinden; sie würden in mehr oder weniger vollkommenen Bruchstücken in jedem Lande der Erde weiterglimmen . . .«

Die Ausführungen Edgar Daqués, eines französischen Schriftstellers, fünfzig Jahre später wirken wie ein erfreuliches Echo auf Donnellys Vermutung, daß es sich bei den griechischen Göttersagen um wahre Geschichtsberichte handelt. Neben anderen geographischen Theorien betrachtete Daqué die Legende von den Pleiaden — den Töchtern von Atlas, die zu Sternen wurden — als eine Allegorie, die das Absinken mehrerer Teile der Atlas-Bergkette ins Meer erklärte. Mit anderen Worten, Teile von Atlas' Körper, seine Töchter, verschwanden und wurden Sterne — die Pleiaden —, während ihre ursprünglichen Gestalten, als sie noch Berge waren, auf dem Meeresgrund des Atlantiks ruhen. Daqué interpretiert ebenfalls Herkules' (Herakles') Suche nach den goldenen Äpfeln bei den Hesperiden als eine Allegorie des griechischen Handels mit einer höher entwickelten Kultur im Atlantischen Ozean. Die goldenen Äpfel waren seiner Meinung nach Orangen oder Zitronen, und er glaubte, daß die westliche Kultur (Atlantis) wahrscheinlich andere Getreidesorten und »besser veredelte Obstarten und Naturerzeugnisse« besaß, was »den Neid der ärmeren Mittelmeervölker erweckte . . .« Dies erinnert an die Theorie von der angeblichen Entwicklung der Banane und Ananas durch die Atlantiden. (Interessant ist in diesem Zusammenhang, daß das italienische Wort für Tomate — sie war bis zur Entdeckung Amerikas in Europa unbekannt — *pomodoro* ist — der »goldene Apfel«.)

Donnelly stellt ebenfalls die Behauptung auf, daß die phönizischen Götter die Erinnerungen an atlantische Herrscher verkörperten. Seiner Meinung nach standen die Phönizier den Atlantiden näher als die Griechen und waren die Übermittler der älteren Kulturen an die Griechen, Ägypter, Hebräer und anderen Völker. ». . . Die Ausdehnung des phönizischen Handelsverkehrs scheint sich so ziemlich mit der Ausdehnung des alten atlantischen Reiches zu decken. Ihre Kolonien und Handels-Stationen erstreckten sich östlich und westlich von den Ufern des Schwarzen Meeres und zogen sich durch das Mittelmeer hindurch zur Westküste Spaniens und Afrikas und hinüber bis nach den britischen Inseln; während sie nordwärts und südwärts sich von der Ostsee bis zum persischen Meerbusen ausdehnten . . . Strabo schätzte die Anzahl ihrer Städte an der Westküste Afrikas allein auf dreihundert . . .«

Er bringt Kolumbus, der nach einer Theorie der spanischsprechenden Welt jüdischer Abstammung gewesen sein soll, in direkte Verbindung mit den semitischen Phöniziern, indem er erklärt: ». . . Als Columbus hinausfuhr, um eine neue Welt zu entdecken, oder vielmehr eine alte zurückzuholen, segelte er aus einem phönizischen Hafen ab, der vor zweitausendfünfhundert Jahren von diesem großen Volk gegründet worden war. Dieser kühne atlantische Seefahrer, mit seinem phönizischen Gesichtstypus, aus einem atlantischen Hafen absegelnd, hat eigentlich nur eine Wiedereröffnung der alten Handels- und Kolonisationsstraßen angebahnt, die bloß blockiert waren seit der Zeit, als Platos Insel in das Meer hinabsank . . .«

Donnelly stellt sich das atlantische Reich als ein prähistorisches Imperium vor, das sich fast über die gesamte Welt erstreckte. Ein Großteil seiner Arbeit bestand darin, atlantischen Legenden, Einflüssen und sogar Überresten nachzuspüren, und das vor allem in Peru, Kolumbien, Bolivien, Mittelamerika, Mexiko und dem Mississippital, wo er die Kultur der Erdwallerbauer auf Atlantis zurückführte; ebenso in Irland, Spanien, Nordafrika, Ägypten und besonders im vorrömischen Italien, Großbritannien, den baltischen Gebieten, in Arabien, Mesopotamien und sogar in Indien. Er zieht großzügig die Schlußfolgerung: »Ein Reich, das sich von den Cordilleren bis nach Hindostan, wenn nicht gar bis nach China ausdehnte, muß allerdings ein Reich von fabelhafter Machtfülle gewesen sein. Auf seinen großen Messen und Märkten muß sich der Mais des Mississippi-Tales, das Kupfer des Superiors-Sees, das Gold und Silber von Mexiko und Peru, die Gewürze Indiens, das Zinn von Wales und Cornwallis, die Bronze von Iberien, der Bernstein der Ostsee, der Weizen und das Korn Griechenlands, Italiens und der Schweiz begegnet haben!«

Sein überzeugter Enthusiasmus wirkt fast ansteckend, wenn er die Atlantiden beschreibt: »Sie waren die Ureltern aller unserer grundlegenden Welt- und Lebensanschauungen, die ersten Civilisatoren, die ersten Seefahrer, die ersten Kaufleute, die ersten Kolonisatoren und Kolonisten der Erde; ihre Kultur war schon alt, als Egypten noch jung war, ihr Reich bestand schon Tausende von Jahren, ehe man sich von einem Babylon, einem Rom oder London etwas träumen ließ. Dieses untergegangene Volk waren unsere Vorfahren, ihr Blut fließt in unser aller Adern; die Wörter, die wir gebrauchen, wurden in ihrer Stammform in den Städten und Höfen und Tempeln von Atlantis gehört. Jedwede Eigentümlichkeit der Rassen, des Blutes, des Glaubens, jedweder Lichtstrahl des Gedankens führt in letzter Linie zurück auf Atlantis!«

In seinem Bestreben, die Theorie zu beweisen, an die er so begeistert glaubte, sah Donnelly — so wie viele andere Anhänger dieser Theorie — oft kulturelle und rassische Übereinstimmungen, die inzwischen widerlegt wurden, und vor allem linguistische Verbindungen, die sich häufig als falsch erwiesen. Ein gutes Beispiel dafür, wie eine falsche Theorie Forscher in die

Irre führen kann, ist die Übersetzung des Codex Troano der Mayas. Dieser Codex ist ein Teil einer jener drei Maya-Texte, die der allgemeinen Schriftenverbrennung entgingen, welche im 16. Jahrhundert durch den Bischof von Yucatán, Landa, angeordnet worden war. Brasseur de Bourbourg und später Le Plongeon hatten im 19. Jahrhundert im Rahmen ihrer Forschungsarbeiten über Atlantis diese Übertragung vorgenommen und versucht, eine Verbindung zwischen der Maya-Kultur von Yucatán und der des atlantischen Inselreichs nachzuweisen.

1864 entdeckte Brasseur de Bourbourg in den Archiven von Madrid ein Maya-Alphabet, das Bischof Landa zusammengestellt hatte — ironischerweise gerade jener Mann, der mehr als irgend jemand anders zur Vernichtung der gesamten Maya-Literatur beigetragen hatte. Dieses Alphabet basiert auf völlig falschen Voraussetzungen, denn Landa erkannte bei seinen Bemühungen, das Alphabet der Mayas durch seine Entsprechungen zu unserem eigenen aufzuzeichnen, nicht, daß die Mayas wahrscheinlich gar kein Alphabet besaßen, sondern vermutlich eine Mischung aus Hieroglyphen und phonetischen Symbolen benutzten. Als Landa die Indianer nach den Buchstaben für »a«, »b«, »c« und so weiter fragte, erhielt er deshalb von ihnen nur das W o r t, das dem spanischen Klang von »a«, »b«, »c« usw. am ähnlichsten war; sein »Alphabet« ist folglich nichts als eine Zusammenstellung kurzer klangähnlicher Wörter und keineswegs ein Alphabet oder phonetisches System. (Dies ist gleichzeitig ein gutes Beispiel für die Gefahren, die die Arbeit mit »Eingeborenen« beinhaltet, die den Sinn der ihnen gestellten Fragen nicht verstehen.) Brasseur de Bourbourg, der mit diesem völlig falschen »Alphabet« in der Sprache der Mayas, die er beherrschte, arbeitete, fertigte damit eine teilweise »Übersetzung« des Codex Troano an, durch die Donnelly und andere nachhaltig beeinflußt wurden. Diese »Übersetzung« lautete folgendermaßen: »Im sechsten Jahre Cans, am elften Muluc des Monates Zac, ereigneten sich schreckliche Erdbeben und dauerten an bis zum dreizehnten Chuen. Das Land der Lehmhügel Mu und das Land von Moud waren [die] Opfer. Sie wurden zweimal erschüttert und verschwanden plötzlich in der Nacht.

Die Erdkruste stieß durch die unterirdischen Kräfte an vielen Stellen ständig höher und sank [an anderen] ab, bis sie solchem Druck nicht mehr standhielt, und viele Länder wurden durch tiefe Schluchten voneinander getrennt. Schließlich konnten beide Provinzen solch ungeheurem Druck nicht standhalten und sanken in den Ozean mit 64 000 000 Bewohnern. Es geschah vor 8060 Jahren.«

Augustus Le Plongeon, ein anderer französischer Archäologe, der ebenfalls die Sprache der Mayas beherrschte und Ausgrabungen alter Maya-Städte vornahm, deren ehemalige Lage er ermittelte, fertigte eine Übersetzung derselben Textstelle an, die wie folgt lautet: »In dem Jahre 6 Kan, an dem 11. Muluc in dem Monat Zac, ereigneten sich schreckliche Erdbeben, die ohne Unterbrechung bis zum dreizehnten Chuen andauerten. Das Land der Lehmhügel, das Land von Mu wurde geopfert: zweimal emporgehoben, verschwand es plötzlich in der Nacht, während das Talbecken dauernd von den vulkanischen Kräften erschüttert wurde. Dies ließ das Land mehrmals an verschiedenen Stellen absinken und emporsteigen. Zuletzt gab die Oberfläche nach, und zehn Länder wurden auseinandergerissen und getrennt. Da sie den Erdbeben nicht standhalten konnten, versanken sie mit ihren 64 000 000 Bewohnern 8060 Jahre, bevor dieses Buch geschrieben wurde.«

Le Plongeon versuchte außerdem eine interpretierende Übersetzung der Hieroglyphen auf der Xochicalco-Pyramide bei Mexiko City, und zwar mit Hilfe des altägyptischen hieratischen Systems. Seine Übersetzung lautete folgendermaßen: »Ein Land in dem Ozean ist zerstört, und seine Bewohner [sind] getötet, um sie in Staub zu verwandeln . . .«

Diese »Übersetzungen« von Brasseur und Le Plongeon wurden häufig zitiert und waren Donnelly zweifellos bekannt. Man kann sich nur wundern, wieso ernsthafte Gelehrte, die sich die Mühe machten, alte Indianersprachen zu erlernen und die Dschungelruinen des ehemaligen Maya-Reichs zu erforschen, zum Zwecke persönlichen Vorteils oder Ruhms absichtlich Inschriften falsch übersetzten. Vielleicht geschah es nicht absichtlich, und sie interpretierten die Inschriften und Texte nur entsprechend der Theorie, die zu beweisen sie sich bemühten. Mit anderen Worten, sie sahen in einer Art Wunschdenken in den Inschriften das, was sie sehen wollten — diese menschliche Schwäche haben bekanntlich nicht nur die Atlantologen.

Bis zum heutigen Tage ist jedoch noch keines der alten Manuskripte der Mayas, sind keine ihrer Inschriften erfolgreich übersetzt worden, obwohl die russischen Archäologen mit Hilfe von Computern versuchen sollen, das Geheimnis des Schriftensystems der Mayas zu lüften.

Lewis Spence, ein schottischer Mythenforscher, der zwischen 1924 und 1942 fünf Bücher über Atlantis schrieb, vermutet, daß es nicht nur e i n Atlantis, sondern zwei gab, und zwar eines dort, wo es sich nach Plato befand, und einen anderen Teil davon in der Nähe der Antillen (dem alten Antillia) nahe der heutigen Sargasso-See. Dieser seiner These von mehreren Atlantischen Landmassen schließen sich andere theoretische Atlantikforscher an, die vermuten, daß Atlantis nicht als Ganzes versank, sondern stückweise, durch eine zeitlich voneinander getrennte Serie von Überflutungen und eine allgemeine Veränderung der Erdoberfläche, wie sie auch heute noch vorgeht.

Spence beschäftigte sich eingehend mit der vergleichenden Mythenforschung, vor allem mit den Parallelen, die zwischen den präkolumbischen Legenden der amerikanischen Indianerstämme und den Legenden des europäischen Altertums bestehen, und zwar nicht nur mit denen der Mittelmeerkulturen, sondern auch des keltischen Nordens, zu denen er als schottischer Mythenforscher den bestmöglichen Zugang hatte.

Auf Grund seiner überlegenen Kenntnisse kann Spence so viele Übereinstimmungen zwischen diesen Legenden aufzeigen, daß man schnell überzeugt ist, daß es entweder vor Kolumbus einen regen Austausch und Verkehr zwischen der Alten und der Neuen Welt gab oder aber daß beide Hemisphären ihre Legenden von einem zentralen, jetzt verschwundenen Punkt erhielten. Betrachten wir als einziges Beispiel dafür die Ähnlichkeit, die er zwischen Quetzalcoatl, dem Gott der Tolteken, der die Zivilisation nach Mexiko brachte und wieder nach Tlapallan, seiner ursprünglichen Heimat im östlichen Meer, zurückkehrte, und Atlas aufzeigt, der eine so wichtige Rolle in den »Erinnerungslegenden« von Atlantis spielt. Atlas' Vater war Poseidon, der Herr des Meeres, während Quetzalcoatls Vater Gucumatz war, eine Gottheit des Ozeans und der Erdbeben — »die alte Schlange ... die in der Tiefe des Ozeans lebt«. Quetzalcoatl und Atlas hatten beide einen Zwillingsbruder, werden beide bärtig dargestellt und tragen beide den Himmel.

Ein besonders interessanter Aspekt von Spences Theorien über Atlantis betrifft die Wellen kultureller Immigration, die anscheinend in bestimmten Perioden Europa aus dem W e s t e n erreichten, vor allem um 25 000 v. Chr., um 14 000 v. Chr. und 10 000 v. Chr., wobei das letzte Datum sich fast mit dem Zeitpunkt deckt, zu dem man das Versinken von Atlantis annimmt.

Diese prähistorischen Kulturen wurden nach den Orten benannt, an denen man zum erstenmal auf sie stieß; so heißt die älteste Kultur Cromagnon oder Aurignacien, da in Crô-Magnon sowie in einer Grotte im Aurignac — beides im Südwesten Frankreichs — die ersten Funde gemacht wurden.

Von den Pyrenäengebieten und der Bucht von Biskaya verbreitete sich diese erstaunlich weit fortgeschrittene Kultur vor mehr als 25 000 Jahren durch Teile des südwestlichen Europa, durch Nordafrika und die östlichen Mittelmeerländer. Sie hinterließ uns auf Höhlenwänden Malereien und Ritzzeichnungen, die von einer entwickelten und raffinierten Kultur mit verblüffenden anatomischen Kenntnissen künden. Diese Höhlenmalereien und Reliefzeichnungen zeigen, was für eine zentrale Bedeutung der Stier hatte, der auch in Platos Bericht über die atlantische Religion sowie in der Kultur des alten Kreta und der des alten Ägypten eine wichtige Rolle spielt. Sogar heute, nach 25 000 Jahren, bildet der Stier, wenn auch nicht mehr ein heiliges Symbol, so doch immer noch ein wesentliches Element der spanischen Kultur.

Die Cromagnonschädel, die man gefunden hat, lassen darauf schließen, daß die Menschen dieser Kultur ein viel höheres Denkvermögen besaßen als die anderen damaligen Bewohner Europas und fast so etwas wie eine Rasse von Übermenschen waren.

Die etwa 16 000 Jahre zurückliegende Kultur des Magdalenien wird von Spence als eine zweite atlantische Immigrationswelle interpretiert; sie hinterließ hervorragende Malereien, Statuen und Schnitzwerke sowie Hinweise auf eine gut ausgebildete stammesmäßige und religiöse Organisation. Diese zweite Welle erreichte Europa ebenfalls aus dem Westen oder Südwesten.

Die dritte oder Azilien-Tardenoisien-Welle (nach den ersten Funden bei Mas d'Azil in Frankreich und Tardenos in Spanien benannt), die vor etwa 11 500 Jahren erfolgte, bestand nach Spence aus den Vorfahren der Iberer, die sich in Spanien und anderen Gebieten um das Mittelmeer — wie im Atlasgebirge — ausbreiteten. Die Menschen der Azilienkultur begruben ihre Toten mit dem Gesicht nach Westen, anscheinend damit sie dorthin blickten, woher sie gekommen waren.

Die alten Iberer wurden zur Zeit des Römischen Imperiums von den Bewohnern Italiens die »Atlantiden« genannt. Spence zitiert Bodichon, der schrieb: »Die Atlantiden galten bei den Alten [den Völkern des Altertums] als die Lieblingskinder Neptuns [Poseidons]. Sie brachten den anderen Völkern [seinen] Kult — so zum Beispiel den Ägyptern. Mit anderen Worten, die Atlantiden waren die ersten [uns] bekannten Seefahrer . . .«

Die Cromagnon-, Magdalenien- und Azilienkultur sind Tatsachen und keine Theorien. Spence lieferte einen interessanten Beitrag zur Atlantisforschung, indem er die ungefähren Zeitpunkte des Auftauchens dieser Kulturen mit Fluchtwellen von atlantischen Immigranten in Verbindung bringt, die durch periodische Flutkatastrophen ausgelöst wurden. Diese Flutkatastrophen führt er auf vulkanische Tätigkeit, das Abschmelzen der eiszeitlichen Gletscher oder eine Kombination von beiden zurück.

Da all diese Kulturen in verschiedenen Epochen plötzlich im Südwesten Europas auftauchten, müssen sie folglich von irgendwo anders hergekommen sein. Ihre Ausbreitung von dem Biskaya-Pyrenäen-Gebiet gegen Osten spricht dafür, daß sie aus dem Westen kamen, offensichtlich also von einem Land im Ozean.

Die letzte dieser Kulturen, das Azilien, scheint außerdem eine ungewöhnlich »geometrische« Kunstform besessen zu haben, eine Art Schrift oder zumindest Symbole, die auf Steine, Kiesel und Knochen geschrieben wurden. Die letzten Überlebenden dieser Kulturen fand man möglicherweise im 14. Jahrhundert auf den Kanarischen Inseln. Die Guanchen waren, wie wir bereits erwähnten, weißhäutig, ähnelten in Wuchs und Gestalt dem Cromagnonmenschen, verehrten die Sonne, besaßen eine hochentwickelte Steinzeitkultur und ein Schriftsystem und bewahrten eine Legende von einer Weltkatastrophe, deren Überlebende sie waren.

Ihre Entdeckung durch die Europäer endete, zum Unglück für die Guanchen, mit einer noch viel schlimmeren Katastrophe, die sie nicht überlebten. Spence schreibt im Hinblick auf die Übereinstimmung, die zwischen dem Zeitpunkt besteht, zu dem man den alten Berichten zufolge das Versinken von Atlantis vermutet, und jenem, zu dem die letzte prähistorische Kultur in Europa auftauchte: ».. . Die Tatsache, daß der Zeitpunkt der Ankunft der Azilien-Tardenoisien-Menschen, wie ihn die anerkanntesten Experten nennen, im allgemeinen mit dem Zeitpunkt übereinstimmt, den Plato für die Vernichtung von Atlantis angibt, mag ein reiner Zufall sein.« Er erklärt jedoch im Anschluß daran, daß »manche Übereinstimmungen aufregender sind als erwiesene Tatsachen«.

Spence führte Donnellys Theorien im allgemeinen weiter aus, wertete Atlantis jedoch zu einer »Steinzeitkultur« ab, die in etwa jener des alten Mexiko und Peru glich, aber für den atlantischen »Kulturkomplex« verantwortlich war, von dem im atlantischen Raum immer noch einige Überreste vorhanden sind.

Im Alter wurde die in so vielen Legenden wie auch in der Bibel wiederkehrende Überlieferung von der vorsintflutlichen Welt eine Art fixe Idee von Spence, nach der die Atlantiden wegen ihrer Sündhaftigkeit durch göttlichen Zorn vernichtet wurden. Während des Zweiten Weltkriegs, 1942, veröffentlichte er sein letztes Buch über Atlantis, das — in Anbetracht der Zeitumstände höchst verständlich — den Titel trug: *Will Europe Follow Atlantis?* Er äußerte die Vermutung, daß einer der Gründe für die Hartnäckigkeit der Atlantistheorie darin zu erblicken sei, daß sich eine allgemeine Menschheitserinnerung an die einstige Existenz von Atlantis möglicherweise von einer Generation auf die andere vererben würde, ähnlich vielleicht der ererbten Nostophylie — jener instinktiven Erinnerung — der Zugvögel, die bei ihrem jährlichen Flug über den Atlantischen Ozean immer noch nach dem einstigen Atlantis als einem Rastplatz zu suchen scheinen.

Andere Atlantistheorien behaupten, daß gewisse alte Kulturen, deren einstiges Vorhandensein bewiesen ist, so zum Beispiel an der Westküste Spaniens, in Nordafrika, Westafrika oder auf den Mittelmeerinseln wie Kreta (und Thera), das wahre einstige Atlantis war und der Grund für die atlantische Überlieferung — wobei die Wahl von dem jeweiligen »Forscher« abhängt.

Einige dieser Theorien leugnen das »atlantische Atlantis« nicht unbedingt, da die Existenz dieser außerordentlich alten Kulturzentren, von denen wenig bekannt ist, sich dadurch erklären läßt, daß man sie als ursprünglich atlantische Kolonien oder Zufluchtsort betrachtet.

Tartessos ist eine der Haupt-»Gegenthesen« von Atlantis. Man vermutet, daß es in der Nähe des Guadalquivir an der spanischen Westküste lag oder vielleicht dort, wo dieser Fluß zu jener Zeit in den Atlantik mündete. Es war das Zentrum einer hochentwickelten und blühenden Kultur und besaß reiche Bodenschätze. Tartessos wurde 533 v. Chr. von den Karthagern erobert und anschließend von der übrigen Welt abgeschnitten. Deutsche Archäologen, vor allem die Professoren Schulten, Jessen, Herrmann und Hennig, begannen bereits 1905 mit ihren Forschungsarbeiten über Tartessos. Mit einem echt deutschen Sinn für Ordnung und Systematik stellte Professor Otto Jessen eine Liste von »Beweisen« dafür zusammen, daß Tartessos, das »Venedig des Westens«, das Modell für Platos Atlantis war.

Professor Jessen führte in seiner Liste elf Punkte zum Beweis seiner Theorie an und stellt Platos Aussagen dem gegenüber, was Schulten, er und andere über Tartessos entdeckt oder gefolgert hatten. Dies sind in komprimierter Form seine elf Punkte:

Was Plato sagte	Tatsachen (und Vermutungen) über Tartessos
1. Atlantis lag vor den Säulen des Herakles.	1. Tartessos war eine Insel in der Mündung des Guadalquivir (jenseits der Säulen des Herakles — also Gibraltar).
2. Es war größer als Libyen und Kleinasien zusammen.	2. Es war gar keine Insel, sondern ein gewaltiges Handelsmonopol.
3. Es war eine Brücke zu anderen Inseln und zum gegenüberliegenden Festland, das jenes in Wahrheit so heißende Meer umschließt.	3. Beteiligte an dem Zinnhandel mit Britannien und anderen Inseln ließen den Glauben aufkommen, daß Tartessos ein Kontinent sei.
4. Sein Reich erstreckte sich über Libyen bis nach Ägypten und in Europa bis nach Tyrrhenien.	4. Tartessos belieferte alle Mittelmeervölker mit Metallen.
5. Es verschwand an einem einzigen Tag im Meer.	5. Es verschwand dadurch, daß es erobert wurde und die Eroberer keine Spuren dieses Reichs für die [späteren] griechischen Seefahrer hinterließen.
6. Das Meer [über ihm] kann nicht mehr befahren und erforscht werden.	6. Unerforschlich nur aus politischen Gründen.
7. Dicker Schlamm behindert die Schiffe.	7. Abschreckende Propaganda der Karthager.
8. Das Land besaß reiche Bodenschätze.	8. Die Sierra Morena war eines der Gebiete mit den reichsten Bodenschätzen des Altertums.
9. Es gab im Atlantischen Reich ein ausgedehntes Netz von Kanälen, wie man es nie in Europa sah.	9. Vom Guadalquivir zweigte ein beachtliches Netz von Kanälen ab, wie der griechische Geograph und Historiker Strabo berichtet.
10. Der atlantische König war der Älteste des Volkes.	10. Der letzte König von Tartessos, Arganthonios, regierte 80 Jahre lang.

11. Es gab viele alte geschriebene Gesetze in Atlantis, die, wie es hieß, vor 8000 Jahren aufgestellt worden sein sollen.	11. Strabo sagte von den Tudetaniern [Tartessianern]: »Sie sind die zivilisiertesten der Iberer. Sie können schreiben und besitzen alte Bücher und auch Gedichte und Gesetze in Versform, die sie für 7000 Jahre alt halten.«

Die Professoren Richard Hennig und Adolf Schulten sowie andere deutsche Gelehrte hielten Tartessos nicht für eine atlantische, sondern für eine germanische Kolonie und gründeten diese Vermutung zum Teil auf den in der Nähe von Tartessos gefundenen Ostsee-Bernstein, zum Teil auf die Theorien eines anderen deutschen Gelehrten namens Redslob, der behauptete, daß die prähistorischen Germanenstämme mit ihren Schiffen weit über den Ozean fuhren. Die genaue Lage des einstigen Tartessos hat man noch nicht endgültig ermitteln können, obwohl große Baublöcke in dem schlammigen Grund gefunden wurden, allerdings für praktische Ausgrabungsarbeiten zu dicht unter der Wasseroberfläche. (Ist dies nicht wie ein Echo von Platos Bericht, nach dem der Schlamm die Schiffe behinderte?) Die Überreste von Tartessos können sich ebensogut auf dem Meeresgrund wie — von Schlamm oder Treibsand bedeckt — auf dem Land selbst befinden.

Mrs. E. M. Wishaw, die Direktorin der Anglo-Ibero-Amerikanischen Schule für Archäologie und Autorin des Buches *Atlantis in Andalusia* untersuchte das Gebiet fünfundzwanzig Jahre lang. Sie glaubt auf Grund des Sonnentempels, den sie in neun Meter Tiefe unter den Straßen von Sevilla entdeckte, daß Tartessos möglicherweise unter dieser Stadt begraben liegt. Ein großer Teil des alten Rom ist tatsächlich unter dem modernen Rom begraben, und Tenochtitlán liegt unter der Altstadt von Mexiko City so wie Herculaneum unter Resina, um nur einige der Fälle zu nennen, in denen die Archäologen am liebsten die heutigen Städte niederreißen würden, um an die Vergangenheit heranzukommen.

Auch die Kupferminen von Rio Tinto, die auf ein Alter von

8000 bis 10 000 Jahren geschätzt werden, könnten, so wie die hydraulischen Ingenieursanlagen bei Ronda und ein Binnenhafen bei Niebla (was erneut an Platos Schilderung der hydraulischen Anlagen von Atlantis erinnert), mit der Kultur von Tartessos in Verbindung stehen.

Mrs. Wishaw stimmt mit den deutschen Forschern nicht darin überein, daß Tartessos selbst der Ursprung der Atlantislegende war, sondern glaubt vielmehr, es sei ganz einfach eine Kolonie des echten Atlantis gewesen. Sie schreibt hierzu: »Ich vertrete die Theorie, daß Platos Bericht durch das, was wir hier finden, voll und ganz bestätigt wird, sogar der atlantische Name seines Sohnes Gadir, der jenen Teil von Poseidons Königreich jenseits der Säulen des Herakles erbte und in Gades [Cadiz] residierte...« Und weiter: »... Das wundervoll zivilisierte prähistorische Volk, dessen Kultur ich aufgezeichnet habe, entstand aus der Vermischung der prähistorischen Libyer, die in einem früheren Stadium der Menschheitsgeschichte von Atlantis nach Andalusien kamen, um sich das Gold, Silber und Kupfer zu holen, das die neolithischen Bergarbeiter von Rio Tinto zutage gefördert hatten, und im Laufe der Generationen ... die iberische und afrikanische Kultur so eng miteinander verschmolzen, daß schließlich Tartessos und Afrika eine gemeinsame Rasse hatten, die Liby-Tartessianer.«

Tartessos soll schriftliche Aufzeichnungen besessen haben, die 6000 Jahre weit in die Vergangenheit zurückreichten. Ein hervorragendes Beispiel der Schriftsprache ist die Inschrift auf einem Ring, den Professor Schulten in einem spanischen Fischerdorf bei Tartessos fand.

Mrs. Wishaw hat andere vorrömische iberische Inschriften (die bisher noch niemand übersetzen konnte) zusammengetragen und festgestellt, daß etwa 150 dieser alphabetischen Zeichen ebenfalls auf den Wänden der Felshöhlen Libyens zu finden sind.

Ob dies nun die einstige Existenz von Atlantis beweist oder nicht, so scheint es doch den Beweis für das Vorhandensein einer wenig bekannten, sehr frühen Kultur im westlichen Mittelmeerraum zu erbringen.

Noch nicht dechiffrierte »Buchstaben« von einem Ring, den man in der Nähe von Tartessos fand.

Diese Kultur ähnelt in vielen Aspekten der des alten Kreta, mit der sie vielleicht verwandt war oder Kontakte hatte. Einer der bemerkenswertesten Funde der alten iberischen Kultur ist *La Dama de Elche* — Die Dame von Elche —, jene Büste, die man bei Elche in Südspanien fand. Diese Statue, die manche Forscher für die Plastik einer Priesterin von Atlantis hielten, stellt einen Beweis für die hohe Kulturstufe der ehemaligen Bewohner Spaniens dar.

Es ist häufig die Vermutung geäußert worden, daß Scheria, das Land der Phäaken »am Ende der Welt«, das Homer in der *Odyssee* beschreibt, Plato als Vorbild für Atlantis diente. Viele der in der Schilderung Scherias genannten Einzelheiten erinnern an Platos Bericht über Atlantis; so der wunderbare und schimmernde Palast des Alkinoos, die »gigantischen, das Auge überraschenden Stadtmauern«, die Seemacht der Phäaken, die Lage der Stadt in einer Ebene mit einem hohen Gebirge im Norden und sogar die Erwähnung von zwei Quellen im königlichen Garten.

Die geographische Lage Scherias als solche ist umstritten geblieben. Wenn Homer von dem Land oder der Insel erzählt, die Odysseus auf seiner Fahrt mehrmals besucht und auf der er bei der Heimfahrt nach dem Trojanischen Krieg längere Rastpausen verbringt, wiederholt Homer vielleicht nur Beschreibungen, die er von anderen über verschiedene Kulturzentren hörte, die eine frühe hochentwickelte Zivilisation besaßen, wie Kreta, Korfu, Tartessos, Gades oder, wie von Donnelly vermutet, Atlantis selbst.

Da der Name »Scheria« aber nur in der *Odyssee* vorkommt,

liegt die Antwort möglicherweise in der Bedeutung des Namens selbst, sofern es eine solche gibt. Da *schera* auf phönizisch »Handel« oder »Geschäft« bedeutete, kann das Wort einfach als allgemeine Bezeichnung für irgendein weniger bekanntes Handelszentrum des Mittelmeergebietes benutzt worden sein und mag sich deshalb auf weit im Westen gelegene Städte wie Tartessos oder Gades oder Inseln oder einen Inselkontinent im Atlantischen Ozean bezogen haben.

Andere keineswegs uninteressante Theorien vermuten, daß Atlantis überhaupt nie versank — daß sich seine Überreste nach wie vor auf dem trockenen Land befinden und wir nur nach ihnen suchen und graben müssen. Eine führende »Land«-Theorie basiert auf klimatischen Veränderungen in Nordafrika. Zehntausend Jahre alte Höhlenmalereien in den Tassili-Bergen Algeriens und der mit ihnen verbundenen Accasusbergkette Libyens schildern ein liebliches, reichbevölkertes, fruchtbares Land mit Flüssen und Wäldern, in dem es von allen Arten afrikanischer

Afrikanische Höhlenmalerei, die eine erstaunlich raffinierte künstlerischen Darstellung zeigt und von einer Rasse viele tausend Jahre weit zurück in der Vorgeschichte angefertigt wurde. Es ist besonders interessant festzustellen, daß der ursprüngliche Künstler mit einem hochentwickelten Sinn für Linie und Perspektive die Tiere in einer friedlichen Ruhestellung malte, während die unvergleichlich primitivere Figur eines Jägers, von der man hier den unteren Teil sieht, Jahrtausende später hinzugefügt wurde.

Tiere wimmelt, die einst dort lebten, inzwischen aber aus diesem Gebiet verschwunden sind, das heute einer kahlen Mondlandschaft gleicht. Neben dem Hinweis auf eine totale Veränderung des Klimas, den uns diese Höhlenmalereien liefern, sehen wir in ihrer Ausführung Ähnlichkeiten zu prähistorischen Höhlenmalereien Europas; sie zeugen von einer fortgeschrittenen Kultur und einer langen vorbereitenden Periode künstlerischer Entwicklung, wie es für die Verwendung der Perspektive und des leeren Raums unerläßlich ist. Das ehemals reiche Wildvorkommen und die einstige blühende Bevölkerung bestätigen die allgemein anerkannte Theorie, daß sich dort, wo heute Wüste ist, in früheren Zeiten von großen Flüssen durchzogene Wälder und sogar ein Binnenmeer befanden. Einige Überbleibsel dieser Gewässer fließen immer noch unterirdisch dahin, und die Wüstenstämme bewahren auch heute noch die Erinnerung an ein einstiges fruchtbares Land. Die immer weiter fortschreitende Versteppung Nordafrikas wie auch das allmähliche Absinken der Küste liefern die Argumente für andere französische Theorien, die behaupten, daß sowohl Tunesien wie Algerien ein Binnenmeer besaßen, das einen Zugang zum Mittelmeer und einen zur Sahara-See hatte. Das ehemalige tunesische Binnenmeer wird von den Vertretern dieser Theorie für den Tritonis-See gehalten, den mehrere klassische Autoren erwähnen und der sein Wasser verlor, als die Dämme bei einem Erdbeben brachen, und schließlich austrocknete und der heutige Schott el Djerid wurde, ein sumpfiger, flacher See in Tunesien.

In der Sahara selbst erblicken die Anhänger dieser Theorien das Becken eines ehemaligen Meeres, das einen Teil des Ozeans bildete. Geodätische Untersuchungen, die im Auftrag der französischen Regierung in Algerien und Tunesien vorgenommen wurden, ergaben, daß der Boden der Schotts (jener flachen Sumpfseen) unter dem Meeresspiegel liegt und daß sich diese Seen wieder mit Wasser füllten, würde man eine Reihe schützender Küstendünen entfernen.

Der französische Archäologe Godron formulierte bereits im Jahr 1868 eine Theorie, nach der Atlantis unter der Wüste Sahara begraben liegt. Der französische Geograph Etienne Berlioux sprach sich 1874 ebenfalls für die »afrikanische« Atlantis-Theorie aus, behauptete jedoch, daß das echte Atlantis sich im Atlas-Gebirge in Nordafrika gegenüber den Kanarischen Inseln befunden habe.

Berlioux war der Meinung, daß Cerne, die von Diodorus Siculus, jenem Schriftsteller des Altertums, als Hauptstadt der Atlantioi erwähnte Stadt, genau an diesem Punkt lag. (Cerne wird noch ein anderes Mal in historischem Zusammenhang genannt, und zwar durch eine Seereise des karthagischen Seefahrers Hanno, die an einem Ort dieses Namens endete. Auf manchen Karten aus der Zeit des Kolumbus findet man deshalb Cerne eingezeichnet.)

Berlioux unterstrich in seinen Forschungen über rassische Grundformen die Tatsache, daß die Berber des Atlas-Gebirges häufig hellhäutig sind, blaue Augen und blondes Haar haben und dadurch die Vermutung nahelegen, daß sie keltischen (oder atlantischen) Ursprungs sind. Spätere französische Autoren haben gelegentlich dieses Argument als Rechtfertigung dafür aufgegriffen, daß die europäischen Kelten (d. h. die Franzosen) sich Nordafrikas bemächtigten. Da diese Gebiete jedoch heute nicht mehr der französischen Herrschaft unterstehen, ist die Frage wieder umstritten.

Paul Borchardt vertrat in seinem Werk *Platos Insel Atlantis* (1927) ebenfalls die afrikanische Atlantis-Theorie; seiner Ansicht nach befand sich die einstige atlantische Hauptstadt im Ahagger-Gebirge, der Heimat der Blauen Tuareg, jenem Volk von großen hellhäutigen Hirtenkriegern, die im Aussterben begriffen sind und deren Herkunft ebenso geheimnisvoll ist wie die der Berber. Die Tuareg besitzen eine eigene Schriftsprache.

Borchardt ging von der Annahme aus, daß die Berber möglicherweise die Nachkommen der nordafrikanischen Atlantiden sind, und versuchte in den Namen der existierenden Berberstämme die Namen der zehn Söhne Poseidons, also der Sippenverbände von Atlantis, zu entdecken. Er fand auch zwei verblüffende Übereinstimmungen: Ein Berberstamm nannte sich

Uneur, was genau *Euneor* entspricht, dem Namen, mit dem Plato die ersten Bewohner von Atlantis bezeichnet; und die Berberstämme von Schott el Hameina in Tunesien wurden »Söhne der Quelle«, *Attala,* genannt.

Die französischen Archäologen Butavand und Jolleaud schlossen sich dieser Theorie an, sind jedoch der Meinung, daß ein großer Teil des atlantischen Reichs auf dem Meeresboden vor Tunis im Golf von Gabès liegt. François Roux teilt die Ansicht, daß Nordafrika in prähistorischen Zeiten eine fruchtbare Halbinsel war: ».. . das echte Atlantis, von vielen Flüssen durchzogen und dicht bevölkert von Menschen und Tieren . . .« In seinen Forschungen bringt Roux die prähistorische nordafrikanische Kultur in engen Zusammenhang mit der Frankreichs, Spaniens und Portugals, auf Grund der Entdeckung gewisser »steinzeitlicher« Kieselsteine und Scherben mit aufgemalten Symbolen, die er für Schriftzeichen hält. (s. S. 182)

Beim Studium mehr zeitgenössischer Theorien über Atlantis und seine einstige geographische Lage fällt einem der »nationalistische« Charakter der Untersuchungen auf, besonders bei den Theorien des 20. Jahrhunderts. Viele der französischen Forscher suchten im französischen Nordafrika nach Atlantis, und mehrere Experten waren der Ansicht, daß es in Frankreich selbst lag. Spanische Archäologen versuchten es in Spanien oder im spanischen Nordafrika ausfindig zu machen, während ein katalanischer Schriftsteller erklärte, Atlantis läge in Katalonien. Ein portugiesischer Forscher behauptete, Portugal selbst wäre Atlantis — als ob die portugiesischen Azoren nicht genügten! Russische Wissenschaftler glauben, Atlantis entweder auf dem Boden des Kaspischen Meeres oder aber bei Kertsch auf der Krim entdeckt zu haben, während deutsche Gelehrte und Archäologen behaupten, es unter der Nordsee und in Mecklenburg gefunden zu haben, oder als Tartessos, eine germanische Kolonie, in Spanien. (Ein umfangreiches deutsches Werk zu diesem Thema trägt den Titel *Atlantis, die Urheimat der Arier.)* Irische und englische Autoren erblicken »Platos Insel« in Irland beziehungsweise England. Ein venezolanischer Experte vermutet Atlantis in

Venezuela, und ein schwedischer Forscher behauptet, es in Upsala in Schweden entdeckt zu haben. Griechische Archäologen sind gegenwärtig der Ansicht, daß die Atlantis-Legende sich zur Insel Thera zurückführen läßt, die um 1500 v. Chr. auseinandergesprengt wurde und von der ein großer Teil in der Ägäis versank. Bevor Thera zum Spitzenkandidaten aufrückte, erblickten zahlreiche Gelehrte den Hauptursprung der Atlantis-Sage in Kreta, und zwar wegen seiner einst erstaunlich hochentwickelten frühen Kultur, die dann plötzlich verfiel, sowie auf Grund der vulkanischen Asche und den in den antiken Ruinen gefundenen Feuerspuren. Es ist jedoch durchaus möglich, daß der Vulkanausbruch und das Erdbeben, durch die Thera teilweise zerstört wurde, Kreta ebenfalls verwüstete, und folglich diese beiden Kulturen durch dieselbe Naturkatastrophe vernichtet wurden.

Der deutsche Orientalist, Philologe und Atlantis-Theoretiker Joseph Karst erweiterte das Problem der einstigen geographischen Lage von Atlantis beträchtlich, als er eine Theorie über ein »doppeltes« Atlantis aufstellte — eines, das sich im Westen über Nordafrika, Spanien und den Atlantik erstreckte, und eines im Osten, das Gebiete des Indischen Ozeans, Südpersiens und Arabiens umfaßte. Außerdem stellte er eine detaillierte Beschreibung von Unter-Zentren regionaler atlantischer Kultur im Altai-Gebirge und anderen Gebieten auf, die er alle durch sprachliche Ähnlichkeiten und die Namen der Orte, Stämme und Völker miteinander in Beziehung bringt.

Angesichts dieser Vielzahl von »Atlantissen« löste James Bramwell, ein unvorbelasteter, aber hervorragender Schriftsteller zum Thema Atlantis, das Problem der verwirrenden Fülle von Theorien über die einstige Lage Atlantis' sehr geschickt, als er in seinem Buch *Lost Atlantis* erklärt, Atlantis müsse als eine Insel im Atlantik angesehen werden, »oder aber es handelt sich ganz einfach nicht um Atlantis«. Auf jeden Fall bilden die vielen prähistorischen Kulturzentren rings um das Mittelmeer, in West- und Nordeuropa und den beiden amerikanischen Kontinenten nicht notwendigerweise einen Ersatz für Atlantis. Ganz im Gegenteil! Jede dieser Kulturen, viele von ihnen oder sogar sie alle k ö n n t e n Überreste der atlantischen Kolonisation sein, so wie Donnelly es vermutete.

Ein gutes Beispiel dafür ist die geheimnisumwobene Joruba- oder Ife-Kultur Nigeriens aus der Zeit um 1600 v. Chr. In seinem Werk *Die atlantische Götterlehre* erklärte der deutsche Forscher Leo Frobenius, der diese erstaunliche afrikanische Kultur gründlich untersucht und in ihr gewisse Übereinstimmungen mit Platos Bericht gefunden hatte: »Ich behauptete, daß dieses Atlantis die letzte rege Vorstellung von einem Kulturbereiche sein müsse, das vor der Zeit der Griechen an den Küsten Westafrikas entstanden sein müsse ... Atlantis ..., das nach dem solon-platonischen Bericht aus Saïs draußen vor den Säulen des Herakles einst blühte und dann untergegangen war ... Atlantis mit den Palmen, die dem Menschen Speise, Getränk und Kleidung gewähren, das ... Burgen mit Gelbgußplatten hatte, [das] ferne Land der Elefanten ...«

Frobenius stützte sich mit seiner Theorie des nigerianischen Atlantis auf ethnologische Symbolik, das heißt auf den Gebrauch von Symbolen, die mehrere Volksstämme miteinander gemein haben, wie unter anderem das Hakenkreuz, den Kult des Meeresgottes Olokun, eine straffe Stammesorganisation, bestimmte Artefakte, Werkzeuge, Geräte und Waffen, Tätowierungen, Sexualriten und Bestattungsbräuche. Bei seinen Vergleichen bringt er viele unerwartete Ähnlichkeiten mit anderen Kulturen, so auch zur etruskischen Kultur, zur prähistorischen iberischen, libyschen, griechischen und assyrischen. Obwohl er behauptete, Atlantis gefunden zu haben, glaubte Frobenius, daß die Joruba-Kultur ursprünglich aus dem Pazifik stammte und durch Südasien sowie quer durch Afrika nach Westen vordrang. Mit seiner Behauptung, Atlantis entdeckt zu haben, meinte er deshalb anscheinend, daß er jene geheimnisvolle Zivilisation jenseits der Säulen des Herakles, von der die Schriftsteller der Antike im Zusammenhang mit Atlantis sprachen, gefunden hatte.

Dieses Beispiel veranschaulicht die verständliche Tendenz eines Forschers oder Archäologen, eine wenig bekannte frühe

Kultur, die er entdeckt, mit Atlantis in Verbindung zu bringen, vor allem, wenn das Zentrum dieser Kultur sich in der Nähe des Meeres oder auf einer Insel inmitten desselben oder auf seinem Grund befindet. Da die Grenzen der Prähistorie ständig weiter zurückgeschoben werden, ist die Zeit vielleicht nicht mehr fern, in der wir wissen werden, ob die Wiege der menschlichen Kultur und Zivilisation an einem einzigen Ort stand oder aber an mehreren; ob es einst ein großes atlantisches Inselreich gab, dessen Einfluß sich auf die anderen Kontinente ausbreitete, oder ob die verblüffende Ähnlichkeit zwischen den prähistorischen Kulturen lediglich ein reiner Zufall war.

9

Atlantis und das akademische »Establishment«

Aristoteles, der begabteste Schüler Platos und spätere Gründer einer zur platonischen Ideenlehre im Gegensatz stehenden
philosophischen Schule, wertete das unvermittelte Ende von Platos Bericht über Atlantis als eindeutigen Beweis dafür, daß Atlantis ausschließlich in Platos erfinderischem Geist existiert hatte.
Indem er sich ausdrücklich auf das abrupte Ende von Platos
Schilderung bezieht, erklärt Aristoteles kurz und bündig: »Er,
der es [Atlantis] schuf, zerstörte es [auch].« Aristoteles wurde
damit der erste einer langen Reihe von Forschern und Gelehrten, die skeptische Gegner der Atlantis-Theorie in einer Pole-
mik waren, die durch die Jahrhunderte und Jahrtausende bis
zum heutigen Tag angedauert hat.

Die akademisch etablierte Gemeinde der Historiker — und in
vermindertem Maße auch die naturwissenschaftliche Welt — hat
die Atlantis-Theorie lange mit Skepsis, Unglauben und sogar
mit einer gewissen Belustigung betrachtet. Geschichtsgelehrte
sind verständlicherweise alles andere als begeistert über »intuitive Geschichtsforschung«, die sich auf eine allgemeine »Menschheitserinnerung« stützt, wie es bei einem großen Teil dessen, was
über Atlantis geschrieben wurde, der Fall ist. Außerdem würde
dadurch, daß sie die Atlantis-Theorie — und sei es auch nur im
Lichte der tatsächlichen Funde und Entdeckungen — ernsthaft
in Erwägung zögen, eine Reihe allgemein anerkannter Grund-
sätze über die frühen Kulturen hinfällig werden, wodurch nicht
wenige Kapitel der menschlichen Frühgeschichte neu geschrieben
werden müßten. Mit Hilfe neuer archäologischer Ausgrabungs-
techniken — und das sowohl zu Lande, in Sümpfen und unter

Wasser — und neuer Restaurierungs- und Datierungsmethoden gelingt es vielleicht in nicht allzu ferner Zeit, viele der Rätsel um Atlantis zu lösen.

Ob man nun für oder gegen die Atlantis-Theorie ist, das Studium dieses Problemkreises übt eine fast hypnotische Wirkung aus, und zwar nicht nur auf jene, die bemüht sind, die tatsächliche einstige Existenz von Atlantis zu beweisen, sondern ebenso auf jene, die entschlossen sind, nachzuweisen, daß Atlantis ein Traum, Hirngespinst oder Schwindel ist. So zieht eines der besten und umfassendsten spanischen Bücher über Atlantis zum Beispiel die Schlußfolgerung, daß das Studium des atlantischen Problems eine reine Zeitverschwendung sei. Aber wieso hat dann der Autor diesem Thema jahrelange Forschungsarbeiten gewidmet? Manche Anti-Atlantis-Bücher dieser Art haben mit ihrer minuziösen Überprüfung aller Quellen und Theorien versehentlich neue Beweise für die Gültigkeit der Atlantis-Theorie erbracht.

Tatsache ist und bleibt jedoch, daß die akademische Welt der Forscher und Historiker mangels konkreterer Beweise skeptisch bleibt. Den zeitgenössischen Verfechtern der Atlantis-Theorie liefert ihr glühender Anhänger aus dem 19. Jahrhundert — natürlich kein anderer als Donnelly — aber die Erklärung dafür, wenn er sagt: »Die Tatsache, daß die Geschichte von Atlantis Tausende von Jahren lang für eine Fabel gehalten wurde, beweist gar nichts. Man hat ja ebenfalls an tausend Jahre lang geglaubt, daß die Gerüchte von den begrabenen Städten Pompeji und Herculaneum nur Fabel wären, ja man sprach sogar von ihnen nur als von den ›sagenhaften Städten‹. Fast tausend Jahre lang hat die ganze gebildete Welt ebensowenig an die Berichte des Herodot geglaubt, worin er uns die Wunder der alten Kulturen am Nil und in Chaldaea schildert, und hat deshalb Herodot den ›Vater der Lügner‹ genannt. Selbst Plutarch spöttelte über ihn. Und heutzutage müssen wir mit Friedrich Schlegel bekennen: ›Je gründlicher und verständlicher die Forschungen der modernen Gelehrten waren, um so mehr stieg auch ihre Achtung und ihre Ehrfurcht vor Herodot.‹«

Donnelly verweist auch auf die Tatsache, daß die Umsegelung Afrikas durch die Ägypter unter dem Pharao Necho angezweifelt wurde, weil die Seefahrer berichteten, daß die Sonne nördlich von ihnen gestanden hätte, als sie die Küste weiter hintergesegelt seien, was nichts anderes hieß, als daß sie den Äquator überschritten hatten. Mit anderen Worten: Gerade der Beweis dafür, daß sie diese Reise tatsächlich unternommen hatten, war der Grund, daß man ihnen nicht glaubte. (Aber es beweist uns heute, daß die ägyptischen Seefahrer bereits 2100 Jahre vor Vasco da Gama das Kap der Guten Hoffnung entdeckten.)

Diesen von Donnelly angeführten Beispielen ließen sich zahlreiche weitere hinzufügen; so glaubte man nicht an die Existenz des Gorilla und des Okapi, bis man die ersten Vertreter dieser »mythischen« Tierarten fand, und ebenso war es vor verhältnismäßig kurzer Zeit mit den »Drachen«-Eidechsen von Komodo. Und auf dem Gebiet der Naturwissenschaften sei nur eine von vielen umstrittenen — um nicht zu sagen belächelten — Theorien genannt: die alchimistische Transmutation (Verwandlung) von Metallen, die, wie die moderne Wissenschaft jetzt bewiesen hat, durchaus möglich ist, wodurch die Überzeugungen und Bemühungen der Alchemisten aller Zeiten einwandfrei bestätigt werden.

Auf archäologischem Gebiet kann man neben der »Rechtfertigung-durch-die-Entdeckung« von Pompeji und Herculaneum auf die weitverbreitete einstige Skepsis bezüglich der Berichte über »verlorene alte Indianerstädte« in den Urwäldern Mittelamerikas, bevor diese im 19. Jahrhundert entdeckt und archäologische Sensationen wurden, hinweisen. Ebenso die persischen, babylonischen und assyrischen Inschriften im Mittleren Osten, die man lange Zeit gar nicht als solche erkannte, sondern für rein dekorative Ornamente hielt, bis sie entziffert wurden und eine detaillierte Geschichte eines Gebietes lieferten, von welcher die Bevölkerung nichts mehr wußte.

Der vielleicht erregendste Fall aller durch Entdeckungen erbrachten Beweise auf dem Gebiet der Archäologie war der Heinrich Schliemanns, der 1871 Troja oder zumindest eine

Reihe übereinander erbauter Städte in Hissarlik in der Türkei entdeckte, obwohl Troja ebenfalls seit langem als ein Mythos galt. Schliemann war als Junge sehr beeindruckt von einer Lithographie gewesen, die den Trojanischen Krieg darstellte und die gewaltigen Stadtmauern Trojas zeigte, von denen er wegen ihrer Größe nicht glauben konnte, daß sie vollständig verschwunden waren. Er setzte seine Studien über die Zeit Homers während seiner erfolgreichen Karriere als Geschäftsmann ununterbrochen fort und gab die kaufmännische Tätigkeit 1863 auf, um Troja zu suchen und zu finden. Er stützte sich bei seiner Suche vorrangig auf die Angaben in antiken Schriften und gab damit der modernen Archäologie einen enormen Antrieb. Nach der Entdeckung Trojas machte er noch weitere wichtige Entdeckungen in Mykenä und an anderen Orten. Manche Forscher warfen ihm vor, daß er seine zweifellos bedeutenden Funde zu vorschnell als das Objekt seiner jeweiligen Suche bezeichnete. So ist die wundervolle Goldmaske Agamemnons, des Königs von Mykenä, gewiß irgend jemandes goldene Totenmaske, doch ob sie nun wirklich diejenige Agamemnons ist, das hat noch niemand eindeutig beweisen können.

Durch eine Reihe seltsamer Ereignisse ist die Atlantis-Theorie durch einen Enkel dieses berühmten und mit hoher Intuition begnadeten Archäologen beträchtlich in Mißkredit geraten. In einem für die Hearst-Zeitungen verfaßten Artikel erklärte Paul Schliemann 1912, sein Großvater, der sich seit langem für Atlantis interessierte, habe 1890 kurz vor seinem Tod einen versiegelten Brief an jenes Mitglied der Familie hinterlassen, das sein Leben den in diesem Brief gemachten Angaben zu widmen bereit sei.

Paul Schliemann gab ferner an, sein Großvater habe eine Stunde vor seinem Tod diesen Brief mit einem unversiegelten Nachsatz versehen, und zwar mit der Anweisung: »Zerbrich die eulenköpfige Vase! Studiere den Inhalt! Es betrifft Atlantis!« Paul berichtet, er habe den Brief, der bei einer französischen Bank hinterlegt war, erst 1906 geöffnet; und so habe er erst dann erfahren, daß sein Großvater bei seinen Ausgrabungen in

Troja eine Bronzevase mit einigen Lehmtäfelchen, Metallgegenständen, Münzen und versteinerten Knochen gefunden hatte; die Vase habe in Phönizisch die Aufschrift getragen: »Von König Chronos von Atlantis.«

Paul Schliemann zufolge hatte sein Großvater eine Vase aus Tihuanaco untersucht und in ihr Tonscherben mit der gleichen chemischen Zusammensetzung wie auch Metallgegenstände aus einer identischen Legierung aus Platin, Aluminium und Kupfer gefunden. Er sei zu der Überzeugung gelangt, daß diese Gegenstände durch einen gemeinsamen Ursprung miteinander in Verbindung standen ... durch Atlantis. Sein Großvater habe seine äußerst erfolgreichen Nachforschungen fortgesetzt und in St. Petersburg mehrere Papyrusschriften über die ägyptische Prähistorie sowie über eine ägyptische Seefahrt, die der Suche nach Atlantis galt, gefunden. Er habe diese Forschungen ganz geheim (was so gar nicht den sonstigen Gewohnheiten Heinrich Schliemanns entsprach) bis zu seinem Tode betrieben.

Paul Schliemann schrieb, daß er nach der Rückkehr aus Paris mit seinen eigenen Nachforschungen begonnen und als erstes die eulenköpfige Vase zerbrochen hätte, in der er eine viereckige weiße Metallscheibe gefunden habe, die viel größer als der Halsdurchmesser der Vase gewesen sei. »... auf der einen Seite [dieser Metallscheibe] waren seltsame Zeichen und Figuren eingeritzt, die nichts ähneln, was ich jemals an Hieroglyphen oder Schriftzeichen sah.« Auf der anderen Seite war eine phönizische Inschrift: »... entstammte(n) dem Tempel der durchsichtigen Mauern.« Zwischen anderen Stücken fand Paul Schliemann in der Sammlung seines Großvaters angeblich einen Ring aus einer unbekannten Metallegierung, eine Elefantenstatue aus versteinertem Knochen sowie eine Karte, die ein ägyptischer Seefahrer bei der Suche nach Atlantis benutzt hatte. (Hatte er sie sich während seiner Nachforschungen vom St. Petersburger Museum ausgeliehen?) Bei seinen eigenen Nachforschungen in Ägypten und Afrika fand Paul Schliemann andere Gegenstände aus dieser geheimnisvollen Metallegierung, die ihn die Vermutung aufstellen ließen, daß er fünf Bindeglieder aus einer

Kette besaß: »Die Münzen aus der Geheimsammlung meines Großvaters, die Münze [viereckige Metallscheibe] aus der Vase aus Atlantis, die Münzen aus den ägyptischen Sarkophagen, die Münze aus der mittelamerikanischen Vase und den Kinderkopf [aus Metall] von der marokkanischen Küste.«

Ein neutraler Beobachter wird Paul Schliemanns Leidenschaft für das Auffinden geheimnisvoller Münzen mit dem verständlichen Verlangen nach mehr zeitgenössischer Währung erklären, besonders nachdem er seine Story einem Zeitungskonzern verkaufte und keiner seiner Funde sich bei der anschließenden Überprüfung als echt erwies. Er beschloß den Bericht von seinen »Entdeckungen« mit den Worten: »Aber wenn ich alles sagen würde, was ich weiß, gäbe es kein Geheimnis mehr« — wahrlich eine der ungewöhnlichsten Erklärungen in der Geschichte der wissenschaftlichen Forschung!

Behauptungen, die von einer Einzelperson auf Grund von Relikten oder Artefakten, die tatsächlich vorhanden sind und untersucht werden können, gemacht werden, bleiben noch im Rahmen wissenschaftlicher Theorien, die vom akademischen Establishment — und zwar sowohl dem der Historiker wie Archäologen und Naturwissenschaftler — akzeptiert oder verworfen werden können. Ein großer Teil der Atlantis-Forschung erfolgt jedoch auf anderen Ebenen und befaßt sich unter anderem auch mit allgemeinen Menschheitserinnerungen, vererbtem Wissen, Erinnerungen an frühere Inkarnationen und sogar mit Spiritismus. Derartige Forschungen bewegen sich zwangsläufig außerhalb des mit akademischen Methoden zu Erforschenden und damit außerhalb der Reichweite des akademischen Establishments. Solche Annäherungsversuche aus verschiedenen Richtungen an das Problem Atlantis haben eine Fülle von Informationen erbracht, von denen manche die Atlantis-Theorien bekräftigen und manche erstaunlich von ihnen abweichen.

Edgar Cayce, über den wir bereits zu Anfang dieses Buches berichteten, ist mit seinen Tranceaussagen über Atlantis ein Beispiel für diese Art der Forschung, die, obwohl dieser hellsichtige Prophet und PSI-Forscher 1945 starb, durch die Edgar-

Cayce-Foundation mit ihren vielen Zweigverbänden in Amerika, sowie auch einem in Tokio, weitergeht.

Cayces Tranceaussagen sind das Ergebnis eigener persönlicher Erinnerungen an frühere Inkarnationen sowie der anderer Menschen, zu denen Cayce geistigen Zugang hatte und die er »las«. Ungefähr siebenhundert Aussagen, die Cayce im Laufe der Jahre machte und in denen er im Trancezustand Fragen beantwortete, befassen sich mit geschichtlichen Vorgängen zur Zeit der vermuteten Existenz von Atlantis sowie mit Voraussagen von zukünftigen Ereignissen, wie dem Wiederauftauchen des unterseeischen »atlantischen« Tempels von Bimini. Ein besonders interessanter Fund wird die von Cayce prophezeite Entdeckung einer unterirdischen Kammer mit Unterlagen über Atlantis sein, auf die das Wiederauftauchen von Atlantis folgen soll. Man wird die versiegelte Kammer schließlich finden, indem man den Schattenlinien folgt, welche die Morgensonne wirft, wenn sie durch die Tatzen der Sphinx fällt.

Cayce beschreibt in seinen Tranceaussagen die Geschichte von Atlantis von ihren Anfängen bis zum Goldenen Zeitalter mit den großen Steinstädten, die sich aller Formen moderner Errungenschaften erfreuten, einschließlich Massenkommunikation, Transportmitteln zu Land, zu Luft und unter Wasser, sowie einigen, die wir noch nicht kennen, wie die Neutralisierung der Schwerkraft und die Nutzung der Sonnenenergie durch elektrische Kristalle oder »Feuersteine«. Der Mißbrauch dieser Kristalle löste die Flutkatastrophen aus, die schließlich Atlantis vernichteten. Anders als in unserer Zeit bestand eine Verbindung zwischen den materiellen Erfindungen und den geistigen Kräften sowie ein viel näheres Verhältnis zu Tieren und eine echte Verständigungsmöglichkeit mit diesen, bis Materialismus und Perversionen das Ende des Goldenen Zeitalters herbeiführten.

Die Entartung der atlantischen Kultur und Zivilisation mußte nach Cayces Aussagen unweigerlich zu seinem Untergang führen. Diese kulturelle Entartung zeigte sich in der Unzufriedenheit der Bürger, der Versklavung der Arbeiter und »Mischlinge« (das waren Kreuzungen zwischen Menschen und Tieren), im Konflikt zwischen den »Söhnen des Gesetzes vom Einen« und den verderbten »Söhnen des Belial«, in Menschenopfern, allgemeinem Ehebruch und Hurerei und im Mißbrauch der Naturkräfte, vor allem dem der »Feuersteine«, die für Bestrafungen und Folterungen mißbraucht wurden.

Andere okkulte oder PSI-Forscher wie W. Scott Elliot, die Theosophin Helena Blavatsky und Rudolf Steiner, der Begründer der Anthroposophie, beziehen ihr Wissen aus geistigen, sogenannten übersinnlichen Quellen, sei es durch mediale Schau oder Visionen oder aus den Tiefen des archetypischen kollektiven Unbewußten, was nur der Fachausdruck für die allgemeine Menschheitserinnerung ist. Sie sind alle überzeugt, daß Atlantis durch seine moralische Verkommenheit selbst seinen Untergang heraufbeschwor. Dieser Meinung waren nicht nur Spence und der russische Historiker Mereschkowski, sondern auch Plato und die Verfasser der Genesis und anderer Flutlegenden, wenn sie die Verderbtheit der Menschheit vor der Sintflut beschreiben.

Bei Cayces Schilderung der Entartung oder Selbstzerstörung von Atlantis braucht man nur die Worte »schlecht« durch »materialistisch« und »die Kristalle« oder »Feuersteine« durch »die Atombombe« ersetzen, und schon erhalten wir eine recht treffende Charakteristik unserer heutigen Zeit, die uns wie eine Warnung aus einer frühen Menschheitsepoche erreicht.

Cayces Prophezeiungen über ein Wiederauftauchen von Atlantis werden — sollten sie sich bewahrheiten — keine ungetrübte Freude für die Menschheit sein, da New York »im ganzen verschwinden wird«, die amerikanische Westküste »auseinanderbrechen« und der größte Teil Japans »in das Meer sinken wird«. Die Bewohner New Yorks, Kaliforniens und Japans haben folglich berechtigtes Interesse zu hoffen, daß Cayce nicht recht behält, obwohl viele seiner Voraussagen, wie die über Rassenaufstände, Ermordungen von Staatspräsidenten und Erdbeben im Mississippi-Tal — um nur einige zu nennen — bereits zugetroffen sind.

Da die Archäologen und die wissenschaftliche Welt ganz allgemein die auf parapsychologischen Ebenen betriebene Geschichtsforschung nicht anerkennen, wird das auf diesem Wege ermittelte Material und Wissen zum Thema Atlantis, das einen umfangreichen Teil der Literatur über Atlantis bildet, vom akademischen Establishment bestenfalls mit einem »kein Kommentar« ignoriert.

Die privaten Gesellschaften, die von Menschen gegründet wurden, die an die einstige Existenz von Atlantis glaubten und mit dazu beitragen wollten, diese zu beweisen, haben der Anerkennung der Atlantis-Theorie als einer historischen Tatsache in der Öffentlichkeit oft mehr geschadet als genützt. In der Zeit zwischen den beiden Weltkriegen gab es in Frankreich diverse Atlantis-Gesellschaften, zum Beispiel *Les Amis d'Atlantis* — »Die Freunde von Atlantis« —, deren Gründer Paul le Cour war, der ebenfalls eine Zeitschrift unter dem Titel *Atlantis* herausgab. Eine andere Gruppe, die sich *Société d'Études Atlantéennes* — »Gesellschaft für Atlantische Studien« — nannte, erlitt sowohl einen tätlichen wie moralischen Rückschlag, als eine ihrer Versammlungen in der Sorbonne durch Tränengasbomben gesprengt wurde, welche Mitglieder warfen, die offensichtlich mehr für eine »intuitive« als eine wissenschaftliche Behandlung der zu lösenden atlantischen Fragen waren.

Der Präsident dieser Gesellschaft, Roger Dévigne, gab in einem späteren Bericht zu, daß die Gesellschaft »unter der Mißbilligung litte, mit der die wissenschaftliche Welt diese ›Träume‹ betrachte«, und erwähnt das »vorsichtige Mißtrauen«, das Mitglieder erweckten, die »auf dem Weg zu einem atlantischen Picknick das Atlantis-Abzeichen am Rockaufschlag trügen . . .«

Die Werke anderer Atlantologen sind jedoch einer eingehenden und meistens negativ ausfallenden Untersuchung durch die Mikroskope des wissenschaftlichen Establishments unterzogen worden. Allein der phantasievolle und visionäre Stil der Bücher über Atlantis irritiert die rein akademisch orientierten Archäologen, die nüchterne, ausschließlich auf bewiesenen Tatsachen beruhende Theorien ohne jedes poetische Beiwerk bevorzugen. Da »der versunkene Kontinent« ein so romantisches Thema ist, wurden unzählige Dichter davon inspiriert; und da sie in den meisten Büchern über Atlantis zitiert werden, entsteht der Eindruck, daß Atlantis mehr den Gefilden der Dichter als dem Forschungsgebiet historischer Tatsachen angehört.

Während die Gegner der Atlantis-Theorie den literarischen Werken zu diesem Thema neutral gegenüberstehen, sind sie in ihrer Verneinung der einstigen Existenz von Atlantis genauso vehement und rechthaberisch wie die Verfechter der Atlantis-Theorie in ihrem Bemühen, diese zu beweisen. So wird der Bericht Dr. Ewings von der Columbia Universität, der sich dreizehn Jahre lang »der Erforschung des Mittelatlantischen Rückens widmete«, aber »keine Spuren von versunkenen Städten fand«, als ein Beweis dafür angeführt, daß es niemals ein Atlantis gab. Ist dies nicht ein Beispiel für die Einstellung »gesucht und nicht gefunden — also gibt es das nicht«?

Falls die Paläste und Tempel von Atlantis als Ruinen auf dem Grund des Atlantiks liegen, wären sie größtenteils von Ablagerungen und Schlamm bedeckt, und es dürfte nach Tausenden von Jahren schwierig sein, sie durch ein System von mehr oder weniger wahllosen »Stichproben« zu finden und zu erkennen. Es wäre so, als würden extraterrestre Weltraumreisende nachts, ohne etwas sehen zu können, aus ihren Fliegenden Untertassen Netze auf die Erde hinunterwerfen und, wenn sie dann in diesen Netzen keine Menschen und Tiere entdeckten, die Schlußfolgerung ziehen, daß es keine höheren Lebewesen auf der Erde gäbe.

Sogar die unterseeischen Städte des Mittelmeers sind erst vor verhältnismäßig kurzer Zeit und noch dazu in relativ flachem Wasser entdeckt worden. Durch ein Ansteigen des Wasserspiegels des Mittelmeers während des Altertums liegen jetzt große Teile von historisch genau bekannten Städten unter Wasser und werden gegenwärtig mit neuen, von Unterwasser-Archäologen speziell dafür entwickelten Techniken untersucht und ausgegraben. Zu diesen überfluteten Städten oder Stadtteilen gehört auch Bajä, eine Art Las Vegas des Altertums, wie auch viele andere Orte an der italienischen Westküste in der Umgebung von Neapel und an der jugoslawischen Adriaküste, ferner Teile von Syrakus auf Sizilien, Leptis Magna in Libyen, Kenchreä, der griechische Hafen von Korinth, und die alten Häfen von Tyrus und Caesarea Mauretaniae, um nur einige wenige zu nennen. Alle möglichen überraschenden archäologischen Funde warten noch darauf, gehoben zu werden. Das Lager, das Hannibal vor dem Marsch auf Rom als Übungsgebiet benutzte, liegt unter einer flachen Wasserschicht vor Peníscola an der spanischen Ostküste. Costeau berichtet von einer gepflasterten Straße, die er weit draußen im Mittelmeer auf dem Grund entdeckte. Er schwamm diese Straße so lange entlang, bis er auftauchen mußte, und fand sie dann nie wieder. Helike versank bei einem Erdbeben im Golf von Korinth, blieb jedoch Hunderte von Jahren auf dem Meeresboden sichtbar; ja es war sogar eine wahre »Touristenattraktion« für römische Besucher, welche von Booten aus die im klaren Wasser deutlich zu erkennenden Ruinen bewunderten, vor allem die noch aufrecht stehende Zeusstatue. Helike, nach dem man heute wieder sucht, ist seitdem entweder im Treibsand auf dem Boden des Golfs versunken oder befindet sich jetzt durch seismische Veränderungen unter Land.

Die versunkenen Städte — historisch bekannte wie imaginäre — liegen keineswegs alle nur im Mittelmeer. Vor Mahabalipuram bei Madras in Indien werden gegenwärtig Überreste einer versunkenen Stadt untersucht, und im Golf von Mexiko hat man bei Cozumel Unterwasserbauten entdeckt, die vermutlich von den Mayas stammen. In der UdSSR gibt es in der Bucht von Baku eine versunkene Stadt, von deren Resten man Mauerblöcke mit Tierreliefs und Inschriften heraufgeholt hat.

Die bretonische Überlieferung vermutet die versunkene Stadt Ys ziemlich nahe vor der französischen Küste. Die Überflutung von Ys wurde angeblich durch Dahut, die Tochter Gradlons, des Königs von Ys, ausgelöst, die während einer Trinkrunde mit ihrem Geliebten die Schleusentore der Stadt mit einem gestohlenen Schlüssel öffnete, um zu sehen, was passieren würde. Der vorhergewarnte König Gradlon konnte zu Pferd vor den hereinstürzenden Wassermassen auf höher gelegenes Land fliehen. Neben ihrem Beitrag zu frühgeschichtlicher Jugendkriminalität bezieht sich diese Geschichte wahrscheinlich auf einst tatsächlich existierende Siedlungen an der französischen Küste, die ein Opfer des Meeres wurden. Vor einigen Jahren erreichte die Ebbe vor der Küste der Bretagne einen ungewöhnlichen Tiefstand, und für kurze Zeit wurden Anhäufungen von Felsblöcken, die Ruinen von Bauten zu sein schienen, auf dem Meeresboden sichtbar, verschwanden dann aber mit der zurückkehrenden Flut.

So reizvoll auch dieser kurze Überblick über versunkene Städte im Mittelmeer und anderen Meeren sein mag, was hat er mit Atlantis zu tun? Nun, eine ganze Menge. Ein Schriftsteller, welcher der Widerlegung der Atlantis-Theorie sehr viel Zeit widmete, behauptete, daß das Absinken des Landes, wie wir es im Mittelmeer beobachten, während der geschichtlich erfaßten Epoche verhältnismäßig gering war. Die moderne Unterwasserforschung im Mittelmeer hat jedoch das genaue Gegenteil festgestellt. Ein Archäologe, der auf dem Meeresboden bei Melos in der Ägäis nach etwas ganz Bestimmten — nämlich den Armen der Venus von Milo — suchte, stieß völlig unerwartet auf die Ruinen einer Stadt, die bis in eine Wassertiefe von 130 Meter hinunterreichten und von der Straßen in noch größere Tiefen zu unbekannten Zielen abzweigten.

Im Jahr 1966 entdeckte Dr. Menzies auf dem Meeresboden des Pazifiks vor der peruanischen Küste in einer Tiefe von 2000 Meter Unterwasserruinen, die — falls es gelingt, sie näher zu untersuchen — weitere Aufschlüsse darüber geben werden, in welchem Ausmaß Land während der Epoche abgesunken ist, in der die Menschheit weit genug entwickelt war, um Städte zu bauen.

Gegner der Atlantis-Theorie halten die Anhänger dieser Theorie entweder für Phantasten oder verantwortungslose Spekulanten; sie glauben, daß es Atlantis niemals gegeben hat; daß kein Land während historisch erfaßten Zeiten so tief absank, und daß nach der Theorie von der Kontinentaldrift Atlantis gar nicht existiert haben konnte, da zwischen den noch zusammenliegenden Kontinenten überhaupt kein Platz vorhanden war.

Es handelt sich hier um Wegeners Theorie von der Kontinentaldrift, eine Theorie, die jeder, ob er nun ihre Bedeutung und die sich daraus ergebenden Schlußfolgerungen versteht oder nicht, mit einer Weltkarte und einer Schere nachprüfen kann. Denn wenn Sie alle Kontinente ausschneiden, werden Sie feststellen, daß einige von ihnen wie Teile eines Puzzles genau zusammenpassen. Das ist besonders auffallend bei der brasilianischen Ostküste und der afrikanischen Westküste, der Ostküste Afrikas und der Westküste Arabiens, der Ostküste Grönlands und der norwegischen Westküste. Sogar die Gesteinsarten und die Erdformation scheinen, obwohl durch den Ozean getrennt, jeweils auf beiden Kontinenten die gleichen zu sein.

Dieses Phänomen bemerkten andere Geographen, so auch Alexander von Humboldt, lange, bevor Alfred Wegener es als Basis für seine Theorie von der Kontinentaldrift benutzte. Wegener (der 1930 bei einer wissenschaftlichen Expedition zur Überprüfung seiner Theorien auf der Gletscherkappe Grönlands den Tod fand) glaubte, daß alle Kontinente einst eine einzige Landmasse bildeten, die irgendwann in einzelne Kontinente auseinanderbrach, die seitdem auf der Sima-Schicht* der Erdkruste wie riesige schwimmende Inseln ständig immer weiter auseinandertreiben. Einige Landmassen, so wie Grönland, scheinen sich schneller zu bewegen als andere; einem Bericht zufolge soll Grönland auf seinem westlichen Kurs pro Jahr über siebzehn Meter zurücklegen. (Man wird in diesem Zusammenhang an die norwegischen Lemminge erinnert, die, wie wir berichteten, eine instinktive Erinnerung an Atlantis zu besitzen scheinen, wenn sie sich in das Meer stürzen und so lange gegen Westen schwimmen, bis auch der letzte von ihnen ertrinkt. Vielleicht wollen sie aber auch ganz einfach nach Grönland hinüberschwimmen, das früher näher lag!)

Falls die Theorie von der Kontinentaldrift stimmt und alle Kontinente einst mit ihren Küsten genau zusammenpaßten, wo bleibt dann Atlantis? Mehr oder weniger dort, wo es war. Obwohl einige der Kontinente ziemlich genau aneinanderpassen,

---

* Sima: Kurzwort aus Silizium und Magnesium; bezeichnet den unteren Teil der Erdkruste. (*Anm. d. Übers.*)

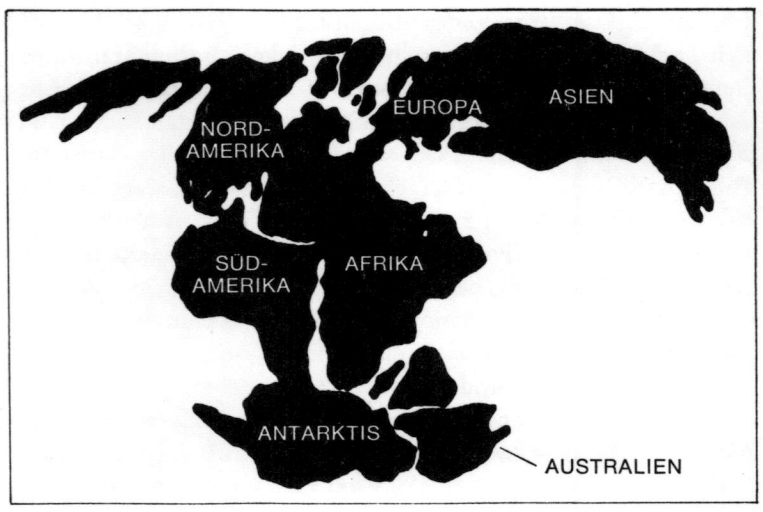

Wie die Kontinente nach Wegeners Theorie von der Kontinentaldrift zusammenpassen würden.

klaffen zwischen anderen doch beträchtliche Lücken, vor allem in dem Abschnitt des Atlantiks, in dem der unterseeische Mittelatlantische Rücken am breitesten ist. Dieser ist gleichsam ein Spiegelbild der westlichen Küstenlinie Europas und Afrikas und entspricht außerdem in seinem Verlauf der Ostküste Nord- und Südamerikas. Als die Kontinente auseinanderbrachen, blieben vielleicht gewisse Landmassen entlang den Bruchstellen bestehen und wurden erst später überflutet. Also sogar bei einer Theorie, die auf den ersten Blick die einstige Existenz von Atlantis zu widerlegen scheint, macht sich Atlantis gleich einem fehlenden Stück in einem Puzzle bemerkbar.

Bei ihrem Bemühen, die Atlantis-Theorie *ad absurdum* zu führen, kam ihren Gegnern der allzu enthusiastische Überschwang mancher ihrer Anhänger zu Hilfe wie auch gewisse offenkundige Irrtümer in deren Abhandlungen über Atlantis. Donnelly und andere, die zu einer Zeit lebten, als die Anthropologie noch verhältnismäßig in den Anfängen steckte, erblickten eine rassische Verwandtschaft bei Völkern, zwischen denen nach der modernen Forschung keinerlei Beziehung besteht. Und auf dem Gebiet der von ihnen »festgestellten« sprachlichen Ähnlichkeiten bieten sie sogar noch mehr Angriffsflächen. Le Plongeon zum Beispiel, der die Sprache der Mayas sprach, behauptete, diese sei zu »einem Drittel reines Griechisch. Wer brachte den Dialekt (!) Homers nach Amerika? Oder wer nahm den der Mayas mit nach Griechenland!« Da die Sprache der Mayas und Griechisch noch lebende Sprachen sind, war und ist diese Behauptung recht einfach zu widerlegen. (Le Plongeon bringt, wie wir sahen, auch das Schriftsystem der Mayas und alten Ägypter miteinander in Beziehung, obwohl zwischen beiden, von der Tatsache abgesehen, daß sie Bildschriften sind, keine Verbindung festzustellen ist.) Ebenso wurde behauptet, daß das Chiapanec der mexikanischen Indianer mit Hebräisch verwandt sei (durch die Auswanderung der zehn verlorenen Stämme?), die Sprache der Otomi-Indianer mit Chinesisch (wegen seines Klanges) und die fast vergessene Sprache der Mandan-Indianer mit dem Walisischen. Beinah alle Pro-Atlantis-Autoren werten Farrars Hinweis auf die baskische Sprache in seinem Buch *Families of Speech* als einen Beweis für eine präkolumbische Sprachbrücke über den Atlantik nach Nord- und Südamerika. Farrar behauptete: »Es hat niemals einen Zweifel darüber gegeben, daß diese isolierte Sprache, die ihre Eigenart in einer westlichen Ecke Europas zwischen zwei mächtigen Königreichen bewahrte, in ihrer Struktur den ursprünglichen Sprachen des gewaltigen gegenüberliegenden Kontinents [Amerika] und nur diesen ähnelt.«

Donnelly verglich bei seinen Ausführungen über Ähnlichkeiten, die zwischen geographisch weit voneinander entfernten Sprachen bestehen, einzelne Wortbeispiele in verschiedenen europäischen und asiatischen Sprachen, die, wie wir jetzt wissen, miteinander verwandt sind; folglich sollte sich niemand mehr über Ähnlichkeiten zwischen europäischen Sprachen und Sanskrit oder Persisch wundern und diese wahrhaftig nicht in die Forschungen über Atlantis mit einbeziehen. Da diese Sprachverwandtschaft damals aber noch nicht bekannt war, können wir Donnelly als eine Art linguistischen Pionier betrachten, der sich allerdings oft geirrt hat. In seiner Suche nach bestehenden Ähnlichkeiten zwischen Chinesisch und Otomi führt er zum Beispiel chinesische Wörter an, die nicht die Bedeutung haben, die er angibt. Vielleicht erhielt er sie — genau wie Bischof Landa in seinem Bemühen um das Maya-»Alphabet« in Yucatán — von einem hilfsbereiten Informanten, der ganz einfach seine Fragen nicht verstand, wie es Sprachforschern immer wieder passiert.

Donnelly manövriert sich außerdem manchmal selbst in eine linguistische Sackgasse, so zum Beispiel, wenn er das englische Wort »hurricane« in mehreren europäischen und indianischen Sprachen als Beweis für eine präkolumbische Verbreitung anführt. Dieses Wort war der Name des karibischen Sturmgottes Hurakán, der die »hurricanes« auslöste, und es existiert als »hurricane« in Englisch, als »ouragan« in Französisch, als »huracán« in Spanisch, als »Orkan« in Deutsch etc. Donnelly übersah jedoch, daß es dieses Wort in diesen Sprachen nicht vor der Entdeckung Amerikas und den nervenzerreißenden Erlebnissen europäischer Seefahrer in den tropischen Stürmen der Karibik gab.

Trotz all der offenkundig vorschnellen Schlußfolgerungen und häufigen Fehlinterpretationen, von denen es auf dem Gebiet der Atlantis-Forschung wimmelt, lassen sich bestimmte Argumente nur schwierig als falsch abtun; unter dem Wust der engagierten Pro-und-Kontra-Theorien spürt man eine verborgene tiefere Wahrheit, eine gemeinsame Erinnerung an gleiche kulturelle und religiöse Traditionen und Überlieferungen, an sprachliche Gemeinsamkeiten und vergessene geschichtliche Bande. Es gleicht dem Eisberg, von dem nur ein Zehntel sichtbar über die Oberfläche ragt, während wir um die übrigen neun Zehntel im Wasser wissen, sie aber nicht sehen können. Vielleicht bleibt deshalb die Atlantis-Legende — wie der ständig neu aus der Asche erstehende Phönix — in immer wiederkehrenden Wellen des Interesses von einer Generation zur anderen lebendig und wird höchstwahrscheinlich ihre Gegner überleben.

10

Atlantis, Sprache und Alphabet

Welches war die Sprache der Atlantiden? Gibt es irgendeinen
Hinweis auf eine sehr alte isolierte Sprache, die mit anderen alten Sprachen verwandt ist und ein Relikt sein kann? Die Antwort ist fast zu einfach — denn es gibt eine solche Sprache, und
die heutigen Basken stimmen nur allzu freudig der Vermutung
zu, daß sie die Nachkommen der Atlantiden sind. Man nimmt
allgemein an, daß die alten Iberer vor der Eroberung durch die
Kelten und anschließend durch die Römer Baskisch sprachen,
und Sprague de Camp, ein hervorragender zeitgenössischer
Atlantis-Forscher und Autor eines der besten Bücher zu diesem Thema — *Lost Continents* (dt.: *Versunkene Kontinente)* —,
glaubt, daß die Inschrift auf dem »Tartessos-Ring« in dem ursprünglichen Baskisch geschrieben ist, bevor das Baskische die
römischen Buchstaben übernahm.

Das Baskische steht unter den europäischen Sprachen ganz für
sich allein und läßt sich in keine Gruppe einordnen. Bei einer
näheren Untersuchung scheint es auch keine sehr nahe Beziehung zu den amerikanischen Indianersprachen aufzuweisen, obwohl es zu ihnen mehr Affinität aufweist als zu der indogermanischen Sprachengruppe, zu der überhaupt gar keine besteht. Mit
seinen Verwandtschaften ist es äußerst seltsam bestellt: Das
Baskische hat ähnliche Konstruktionen wie die anderen aggluti-
nierenden Sprachen, etwa Ketschua (die Sprache der Inkas) und
die Ural-Altai-Gruppe — Finnisch, Estnisch, Ungarisch und
Türkisch. (Diese Sprachen bilden sehr lange Wörter, in denen die
Artikel und übrigen bestimmenden Sprachelemente enthalten
sind.) Baskisch ähnelt aber auch dem polysynthetischen Sprach-

typ, zu dem die Sprachen der amerikanischen Indianer, der Eskimos etc. gehören und dessen linguistische Eigenart in Wortgebilden besteht, die in Wirklichkeit vollständige Sätze sind.

Bestimmte baskische Wörter scheinen auf die Cromagnon-Epoche mit ihren Höhlenmalereien zurückzugehen. Das Wort für »Zimmerdecke« bedeutet wörtlich »Decke der Höhle«, während »Messer« aus Wortteilen zusammengesetzt ist, die »der Stein, der schneidet« bedeuten. Das Alter der baskischen Sprache scheint sich demnach gut in Spences Theorie von den durch das stufenweise Versinken von Atlantis ausgelösten einzelnen Immigrationswellen, die in Spanien und Südwestfrankreich eintrafen, einzufügen.

Das Baskische scheint jedoch keinen nachweisbaren Einfluß auf irgendeine andere Sprache gehabt und auch keine Einflüsse von einer anderen Sprache empfangen zu haben. Es ist ein hochinteressantes Relikt von etwas anderem — vielleicht eine Art lebendiges Fossil — ein Beispiel für die voreiszeitliche Sprache Europas oder — noch besser — das einzige noch erhaltene Überbleibsel der Sprache der Atlantiden.

Da uns heute, im Gegensatz zu Donnelly, die vielen Verbindungen zwischen den indogermanischen und semitischen Sprachen bekannt sind, brauchen wir uns nicht mehr zu wundern, wenn man einzelnen Wörtern in einer Anzahl recht verschiedener Sprachen nachspüren und ihre Wurzeln erkennen kann. Erstaunlich ist dagegen nach wie vor, daß es gleiche oder ähnliche Wörter in Gebieten gab, zwischen denen keine Sprachbrücke oder andersartige Verbindung bestand, so wie in Europa und dem präkolumbischen Amerika.

Da Sprachen nur eine verhältnismäßig begrenzte Anzahl von möglichen Lauteinheiten (»Phoneme« ist der sprachwissenschaftliche Fachausdruck dafür) haben, kommen in nicht miteinander verwandten Sprachen unvermeidlich gewisse rein zufällige lautliche Übereinstimmungen vor. So bedeutet zum Beispiel auf japanisch das Wort »so« das gleiche wie das englische »so«. Dieses ursprünglich japanische Wort wurde nicht erst durch den Kontakt mit dem Westen übernommen.

Gleiche Wörter in weit voneinander entfernten Sprachen scheinen dagegen entweder auf eine linguistische oder kulturelle Verwandtschaft hinzuweisen — oder vielleicht sogar auf beides. Aus diesem Grund ist es besonders interessant, wenn man in amerikanischen Indianersprachen Wörter aus geistigen Bereichen findet, die mehr oder weniger stark Wörtern aus alten Sprachen auf der anderen Seite des Atlantiks ähneln.

Thalassa bedeutet auf altgriechisch »das Meer«; in der Sprache der Maya bedeutet *thallac* »nicht fest«, während Tlaloc, der Gott des Wassers der Azteken, ebenfalls mit dem Meer verbunden war. In der chaldäischen Mythologie war Thalath die über das Chaos herrschende Göttin. *Atl* bedeutet im Náhuatl (Aztekisch) und ebenfalls in den Berbersprachen Nordafrikas »Wasser«.

Von den verblüffenden Übereinstimmungen läßt sich die Ähnlichkeit des indianischen Wortes für »großer Geist« — *Manitu* — und des indischen *Manu* anführen; ebenso die des Náhuatl-Worts für »Gott« — *teo* (théulh) und des griechischen *theos*.

Andere Wortübereinstimmungen sind weniger hochgeistig, deshalb aber nicht minder suggestiv. Auf baskisch bedeutet *argi* »Licht«, während *arg* in Sanskrit »leuchtend« bedeutet. Das baskische Wort für »Tau« lautet *garúa*, und dieser selbe Laut bezeichnet in Ketschua »Sprühregen« und wurde ins Spanische übernommen. *Tepec*, das Náhuatl-Wort für »Hügel«, bedeutet auch in den türkischen Sprachen Zentralasiens »Hügel« (*tepe*); und *malko*, ein mittelamerikanisches Wort für »König«, erkennt man in dem arabischen *malik* oder dem hebräischen *melek*. Das griechische Wort für »Fluß« — *potamos* — findet eine Entsprechung nicht nur im *potomac* der Indianer Delawares, sondern auch im *poti* — »Fluß« — der brasilianischen Indianer der Tupi-Guarani-Sprachgruppe.

Guarani, eine Indianersprache Paraguays und Südbrasiliens, weist linguistische Übereinstimmungen mit offenbar nicht verwandten Sprachen auf. Dazu einige Beispiele: *Oka* bedeutet in Guarani »Heim« und *oika* in Griechisch ebenfalls »Heim«; *ama* — »Wasser« — ähnelt dem japanischen *ame* — »Regen«. In

Ketschua, der Sprache der Inkas, heißt »Person« *runa*, während das chinesische *rhen* »Person« oder »Mensch« bedeutet. *Anti* war »hohes Tal« auf altägyptisch, und in Ketschua ist *andi* »hoher (Berg-) Kamm« oder »Rücken«. Obwohl es sich vielleicht um Onomatopöie (Lautmalerei) handelt — in diesem Fall die Laute eines milchspendenden Tieres — heißt »Milch« in Ketschua *ñu-ñu* (nju-nju ausgesprochen) und in Japanisch *g'yu-n'yu*. Die Sprache des kleinen Stammes der Mandan-Indianer, die früher in Missouri lebten und 1838 praktisch durch eine Pockenepidemie ausstarben, wies einige verblüffende Ähnlichkeiten mit dem Walisischen auf.

So wie zum Beispiel:

	WALISISCH	MANDAN
Boot	corwyg	koorig
Paddel	rhwyf (ree)	ree
alt	hen	her
blau	glas	glas
Brot	barra	bara
Rebhuhn	chugjar	chuga
Kopf	pen	pan
groß	mawr	mah

Die Ähnlichkeit der toten Mandan-Sprache mit dem Walisischen läßt sich jedoch vielleicht sehr viel direkter durch die Theorie erklären, nach der die Mandans Nachkommen der Gefolgsleute des walisischen Prinzen Madoc gewesen sein sollen, der 1170 von Wales gegen Westen segelte, in einem westlichen Land eine Siedlung gründete und niemals zurückkehrte.

Während manche amerikanische Indianersprachen in Klang und Bedeutung gewisse Übereinstimmungen mit transatlantischen oder transpazifischen Sprachen aufweisen, gibt es heute noch keinen Beweis für eine nähere Verbindung zwischen ihnen, ausgenommen selbstverständlich die Stämme Alaskas und Sibiriens, die sich nahe genug waren, um sich über naturbedingte oder vom Menschen errichtete Grenzen hinwegzusetzen. Was die übrigen betrifft, so ist es durchaus möglich, daß einige Wörter durch präkolumbische Entdeckungsreisende wie Madoc oder durch Reisende, die sich verirrten, in beiden Richtungen ausgetauscht wurden; man denke nur an die »rothäutigen Menschen«, die plötzlich im 1. Jahrhundert n. Chr. in einem langen Kanu an der Küste Germaniens auftauchten und die dem römischen Prokonsul von Gallien als Sklaven zum Geschenk gemacht wurden.

Diese Indianer — denn das scheinen sie gewesen zu sein — konnten keinen sprachlichen Einfluß ausüben, doch die Tatsache, daß sie den Atlantik in einem langen Kanu überquerten, zeigt, auf welche Weise es zu einem gewissen präkolumbischen kulturellen und linguistischen Austausch gekommen sein mochte, der natürlich durch atlantische Landmassen noch sehr viel einfacher gewesen wäre.

Neben diesen Übereinstimmungen sollten wir nach einem Hinweis suchen — und sei es auch nur ein Wort —, der nicht nur ein oder zwei, sondern viele völlig verschiedene und getrennt lebende Völker, Stämme und Nationen miteinander verbindet und auf eine frühere und in ihrem Einfluß tiefer reichende Verbreitung schließen läßt. Dieses Schlüsselwort sollte ein ganz elementar einfaches und leicht zu erkennendes sein und möglichst eine »Atlantis-verdächtige« Sprache wie Baskisch, einige Indianersprachen wie auch indogermanische und andere Sprachgruppen erfassen.

Ein Wort wie »Mama« muß, obwohl es diese Anforderungen erfüllt, ausscheiden, da es offensichtlich ein Laut ist, der in fast allen Sprachen automatisch von Kleinkindern anstelle von »Mutter« ausgestoßen wird. (Wie immer bestätigt die Ausnahme die Regel: In Ewe, einer westafrikanischen Sprache, heißt »Mutter« *dada* und in Georgisch, der Sprache des Kaukasus, *deda*, während unerklärlicherweise »Vater« *mama* ist.)

Es gibt jedoch ein anderes sehr altes Wort, das in vielen Sprachen vorkommt, die in verschiedenen Ländern und sogar auf Meeresinseln gesprochen werden. Es ist kein automatischer

Klangreflex, sondern ein eigenständiges Wort. Beachten Sie, ausgehend vom Baskischen, die Ähnlichkeit der Vokale und Konsonanten bei dem jeweiligen Wort für »Vater«:

Baskisch	aita
Ketschua	taita
Türkisch (und andere Türksprachen)	ata
Dakota (Sioux)	atey (até)
Náhuatl	tata (oder) tahtli
Seminole	intáti
Zuñi	tachchu (tat'chu)
Maltesisch	tata
Tagalog	tatay
Walisisch	tàd
Rumänisch	tata
Singhalesisch	thàthà (tata)
Fidschi	tata
Samoanisch	tata

Der primitive oder uralte Charakter einiger dieser Sprachen fällt ebenso auf wie ihre weite Ausdehnung. Es mag noch andere Wörter geben, letzte Spuren einer antidiluvialen Sprache, die man entdecken und als solche erkennen wird — weiter unten an den Ästen des Baumes, aus dessen Wurzeln sich vielleicht die erste ursprüngliche Sprache der Menschen entwickelte und von der die romanischen, germanischen, slawischen, indochinesischen und semitischen Sprachen nur die oberen Zweige bilden.

Doch die durch dieses eine Wort miteinander verbundenen Sprachen scheinen, mit Ausnahme von Türkisch und Rumänisch und möglicherweise einem neu auflebenden Tagalog auf den Philippinen, sprachliche Inseln zu sein und dem Druck der modernen Sprachen und Massenkommunikation nicht standzuhalten.

Wenn es schwierig ist, mündlich überlieferten Wörtern auf einer »prähistorischen« Ebene erfolgreich nachzuspüren, liefert uns ein anderes, schriftlich überliefertes Schlüsselwort vielleicht eine konkretere Antwort auf die Frage nach der ethnischen und sprachlichen Verbreitung über den Atlantik hinweg und weist möglicherweise ganz direkt auf das einstige Vorhandensein von Atlantis oder einer Landbrücke hin. Derartige schriftliche Hinweise haben die Atlantis-Forschung jedoch schon beträchtlich in Mißkredit gebracht, vor allem durch Paul Schliemann und die Kontroverse um die »phönizische« Inschrift in der eulenköpfigen Vase, wie auch durch Brasseur de Bourbourg mit seiner frei interpretierenden Übersetzung und James Churchward, einen Amerikaner, der seine Theorie von »Atlantis-im-Atlantik« und einem anderen »versunkenen Kontinent« — Mu — im Pazifik hauptsächlich auf »Täfelchen« in Indien und Tibet aufbaut, die anderen Forschern zu einer Überprüfung nicht zugänglich sind.

Die Schrift ist das Ergebnis einer Bilderschrift, die sich allmählich vereinfachte oder stilisierte, wie im Fall der ägyptischen Hieroglyphen oder der chinesischen Kalligraphie, oder sich zu einer Art Mischung aus Bildern und einem Silbenalphabet entwickelte, wie das bei der alten Keilschrift des Mittleren Ostens der Fall war.

Alle primitiven Stämme malen Bilder, und gelegentlich malen sie diese auf fast genau die gleiche Weise. Neben vielen anderen Gelehrten hat Wirth ausführliche Studien über den Gebrauch einfacher Bilder und Symbole, wie das Kreuz, das Hakenkreuz, die Rosette, das von einem Kreis umgebene Kreuz, Y-Formen etc., durchgeführt und vermutet eine zwischen den Bilderschriften und Symbolen bestehende Verwandtschaft. Er nannte die Symbole »die heilige Primitivschrift der Menschheit«. Als Beweis für die von ihm vertretene Theorie, nach der die Ausbreitung der Kultur von Atlantis aus erfolgte, führt er unter anderen Beispielen ausgewählte prähistorische und frühgeschichtliche Zeichnungen oder eingeritzte Bilder von kultischen Schiffen an. Einige von ihnen zeigen eine verblüffende Ähnlichkeit, ganz so, als ob die Künstler in weit voneinander entfernten Häfen die gleichen Schiffe sahen und zeichneten:

Prähistorische und frühgeschichtliche Darstellungen heiliger Schiffe oder »Sonnenboote«, die in so weit auseinanderliegenden Gebieten wie Ägypten, Sumer, Kalifornien, Spanien und Schweden gefunden wurden.

Spence steuert ebenfalls ein Beispiel bei, und zwar die primitive Indianerzeichnung eines Büffels mit einem Zeichen auf dem Körper; diese Zeichnung ist fast identisch mit einer anderen Büffeldarstellung aus dem Aurignacien, die man in einer Steinzeithöhle im Westen Europas entdeckte:

Ist das Zeichen eine Art Schriftzeichen, das »Büffel« bedeutet? Oder ist es der Name des Mannes, der den Büffel jagte, oder der Name seines Stammes? Oder bedeutet es »Ich erlegte ihn«? Oder handelt es sich um einen magischen Jagdzauber, der es dem Jäger ermöglichte, den Büffel zu töten, da er sich durch diese Zeichnung des Geistes des Tieres bemächtigt hatte? Wir werden es wahrscheinlich nie wissen, doch kann man nur staunen über die Ähnlichkeit zwischen den Schriftzeichen oder symbolischen Darstellungen der indianischen und europäischen Höhlenkultur.

Die aus dem Aurignac stammende Zeichnung ist so primitiv, daß sie in keiner Weise den anderen viel entwickelteren Cromagnon-, Magdalenien- oder Aurignacien-Malereien entspricht, die eine verfeinerte künstlerische Kultur verraten; und so liefert diese Zeichnung keinen besonderen Beitrag zu der Theorie von der frühen atlantischen Zivilisation. Spence hat gleichfalls, im Rahmen seiner Theorie über den Ursprung der menschlichen Kultur in Atlantis, auf Handabdrücke in prähistorischen und frühen Höhlenmalereien in Europa und Amerika hingewiesen. Dies ist jedoch auch kein überzeugender Beweis, denn das Hinterlassen eines Handabdrucks auf einem Werk kann man sowohl in prähistorischen wie historischen oder sogar heutigen Zeiten (man denke nur an nassen Zement!) als eine fast automatische Reaktion bezeichnen.

Außergewöhnlich alte Zeichen oder geometrische Muster aus den voreiszeitlichen Höhlen in Frankreich und Spanien sehen wie Schriftzeichen aus, mögen aber auch einfach eine primitive

In einer Höhle in Rochebertier, Frankreich, gefundene Zeichen, die eine Bilderschrift, ein Zählsystem oder sogar ein Alphabet sein können. Falls sich letzteres als wahr erweisen sollte, hätte also schon acht bis zehn Jahrtausende vor dem Zeitpunkt, in dem unser heutiges Alphabet sich entwickelte, eine Schriftform bestanden.

Bilderschrift sein, ein Zählsystem oder Eigentumsmarkierungen. Eine Sammlung über 12 000 Jahre alter Steine aus den Masd'Azil-Höhlen Frankreichs scheint mit Buchstaben bemalt zu sein — ein hochinteressanter Gedanke, der allerdings kaum der allgemein anerkannten Theorie über Ursprung und Entwicklung der Schrift entspricht. (Spence hielt, wie bereits erwähnt, die Azilien-Kultur für die dritte große Immigrationswelle, die zur Zeit des endgültigen Versinkens von Atlantis in Westeuropa eintraf.)

Die ägyptischen Hieroglyphen, eine Art Bilderschrift, die sich

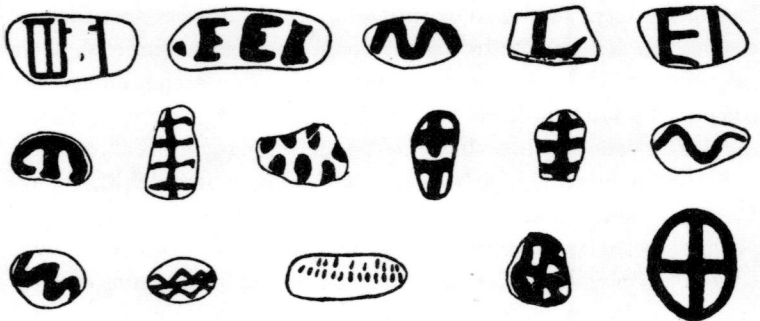

Zeichen auf bunten Steinchen aus Mas d'Azil, Frankreich. Man weiß
nicht, ob diese Zeichen nur einen schmückenden oder aber einen bestimmten Sinn haben.

zu einer Mischung aus Bildern und Silben entwickelte, ist vielleicht die älteste Form einer ausgebildeten Schrift, von der wir
Beispiele besitzen. Die alten Ägypter hielten diese Schrift für die
einstige Sprache der Götter, eine Überzeugung, die von Atlantologen häufig dahingehend interpretiert wurde, daß die »Götter«
das Volk waren, das aus dem westlichen Ozean kam und die
Zivilisation nach Ägypten brachte.

Schriftsysteme, die anfänglich aus Bildern bestanden und sich
dann zu Zeichen entwickelten, welche stilisierte Bilder oder Silben darstellen, wurden offensichtlich unabhängig voneinander in
verschiedenen Teilen der Welt erfunden. Das Keilschriftsystem
der Sumerer im Mittleren Osten, die keilförmige Striche in nassen Lehm drückten, begann ebenfalls mit Bildern und entwickelte
sich zu einem Silbensystem.

Das echte Alphabet, bei dem eine verhältnismäßig geringe
Anzahl von einzelnen Buchstaben zur Bildung der Wörter benutzt wird, scheint jedoch um 2000—1800 v. Chr. bei den Phöniziern entstanden zu sein und sich vom Mittelmeer nach allen
Richtungen verbreitet zu haben, wobei es sich zu verschiedenen
Alphabeten weiterbildete, die aber alle miteinander verwandt
sind, wie unterschiedlich sie auch aussehen mögen. Man ist all-

gemein der Ansicht, daß alle echten Alphabete der Welt mit dem ersten, ursprünglichen verwandt sind, das meist das phönizische genannt wird, da die phönizischen Kaufleute offensichtlich die ersten waren, die es benutzten.

Das von den Phöniziern und anderen nordsemitischen Gruppen verwendete Alphabet entwickelte sich aus einer Art Bilderschrift, bei der A (*Aleph* in Aramäisch) einen Ochsen bezeichnete (wenn Sie ein großes A auf den Kopf stellen, sehen Sie immer noch die Hörner), B *(Bet)* »Haus« bedeutete, D *(Dalet)* »Tür«, G *(Gimmel* oder *Gamel)* »Kamel« etc. (Jedesmal, wenn wir das Wort »Alphabet« aussprechen, zollen wir also seinen Schöpfern Tribut, indem wir die beiden uralten aramäischen Wörter für »Ochse« und »Haus« wiederholen.) Zu irgendeiner Zeit kam dann aber jemand auf die Idee, diese Zeichen zu selbständigen Lauteinheiten umzuformen, die keine Bilder oder Silben waren, sondern Buchstaben.

Da einem derartigen Durchbruch wie der Erfindung des Alphabets jedoch die viele Jahrtausende währende Entwicklung einer Bilderschrift vorausgegangen sein mußte, fragt man sich, ob die Phönizier unter dem Druck der Notwendigkeit, die vielfältigen Transaktionen ihres »Überseehandels« schriftlich festzuhalten, das Alphabet plötzlich erfanden, oder ob sie es aus einer anderen älteren Quelle erhielten oder eine ältere Vorform ihren Bedürfnissen anpaßten. Wenn letzteres der Fall war, so erscheint es nur logisch, daß die Phönizier als die erfahrensten und kühnsten Seefahrer des Altertums diejenigen waren, die eine derartige ältere Quelle entdeckten, falls es diese gab.

Während man den Ursprung des Alphabets allgemein in Byblos in Syrien vermutet, wo man die ältesten alphabetischen Schriftzüge entdeckt hat, wurden in Phönizia relativ wenig phönizische Inschriften ausgegraben, verglichen mit der reichen Fülle, die man im gesamten übrigen Mittelmeerraum fand, etwa auf Zypern, Malta, Sizilien, Sardinien, in Griechenland und an den Küsten Frankreichs, Spaniens und Nordafrikas; diese Funde zeigen, wie das phönizische Alphabet sich nicht nur im östlichen, sondern auch im westlichen Mittelmeerraum ausbreitete.

Je weiter wir nach Westen gehen, um so mehr nähern wir uns dem Gebiet, in dem man das einstige Atlantis oder zumindest eine entwickelte Kultur jenseits von Gibraltar vermutet. In Südspanien gab es eine entwickelte prähistorische Kultur, von der nur wenig bekannt ist, die verschollene Stadt Tartessos an der südwestlichen Atlantikküste mit eingeschlossen. Tartessos soll, wie schon erwähnt, zum Zeitpunkt seiner Zerstörung 6000 Jahre zurückreichende »geschichtliche« Unterlagen besessen haben. Es hinterließ uns jedoch nur einige wenige »Buchstaben« — jene auf Professor Schultens Ring sowie einige andere in Andalusien und Nordafrika gefundene Inschriften, die damit zusammenhängen mögen oder auch nicht. Als die ursprünglichen weißhäutigen Bewohner der Kanarischen Inseln im 14. Jahrhundert entdeckt wurden, besaßen sie ein Schriftsystem, das möglicherweise Verbindungen mit dem präiberischen spanischen Alphabet gezeigt hätte, wäre es nicht zusammen mit jener Bevölkerung von den Konquistadoren vernichtet worden.

Die geheimnisvollen Etrusker, jenes hochkultivierte und künstlerische Volk, das einst in Italien lebte und von den Römern unterworfen und durch die Verbindung mit ihnen als völkische Einheit aufgelöst wurde, sind oft für Nachkommen der Atlantiden gehalten worden, zumal Plato sagte, sie seien einst von den Atlantiden besiegt worden — »... sie unterwarfen Teile Europas bis hin nach Tyrrhenien ...« Obwohl man das etruskische Alphabet, das sich möglicherweise aus dem griechischen oder phönizischen entwickelte, lesen kann, wissen wir nicht, wie es klang.

Die Etrusker sind deswegen so geheimnisvoll, weil wir, abgesehen von Grabinschriften, nichts von ihrer Literatur oder sonstigen schriftlichen Dokumenten besitzen, die zusammen mit ihren Städten von den Römern vernichtet wurden. Von ihren Grabmalereien — sie bemalten wie die Ägypter die Wände ihrer Gräber, nur mit sehr viel lebensfroheren Motiven — wissen wir, daß sie das Leben zu genießen wußten. Vor einigen Jahren entdeckte man drei dünne Goldtäfelchen in einer Ruine. Zwei von ihnen tragen Inschriften in Etruskisch und die dritte eine

Übersetzung ins Phönizische. Da es sich bei diesen Inschriften jedoch um die Widmung eines Tempels handelt, bleiben die Etrusker, was ihre Geschichte oder ihr Herkunftsland betrifft, weiter von dem gleichen undurchdringlichen Geheimnis umgeben. Es läßt sich jedoch die Vermutung aufstellen, daß eine Verwandtschaft zwischen dem archaischen Phönizisch und dem Etruskischen — falls eine solche besteht — auf eine früher gemeinsame, noch ältere Sprache hinweist, die unmittelbar mit der Entstehung des echten Alphabets zusammenhängt. Auf jeden Fall scheint die Inschrift auf dem Tartessos-Ring (wie auch andere prärömische iberische Inschriften) in demselben Alphabet, falls nicht sogar in derselben Sprache, abgefaßt zu sein.

Falls eines Tages etruskische Literatur oder schriftliche Unterlagen gefunden werden, kann man nur hoffen, daß sie einiges Licht in das Dunkel um die Herkunft der Etrusker und ihre mögliche Verwandtschaft mit anderen Kulturen — atlantischen oder östlichen — bringen.

Ähnliche Hoffnungen knüpfte man an die Entzifferung der Schriften des minoischen Kreta, die Linear A und Linear B benannt wurden. Das minoische Kreta, ein Inselreich mit einer zu sehr früher Zeit erstaunlich hochentwickelten Kultur und Zivilisation, ist oft mit Atlantis in Verbindung gebracht und häufig sogar als das einstige Atlantis oder aber der Grund für die Atlantis-Legende bezeichnet worden. Als Michael Ventris, ein junger Engländer, kurz nach dem Zweiten Weltkrieg Linear B entzifferte, wurden dadurch keine anderen erregenden Geheimnisse als nur das der Schrift selbst gelüftet. Einer der ersten übersetzten Texte handelt zum Beispiel von kaufmännischen Transaktionen, Abrechnungen über Güterverwaltung, Vorräte und Bezahlungen, und ein Verzeichnis gab sogar an, wieviel Olivenöl und Parfüme die Sklaven zugeteilt erhielten ... ein erstaunlicher Hinweis auf eine Art von »Wohlfahrts-Sklaventum«. Es erübrigt sich eigentlich zu erwähnen, daß man hofft, durch die Entzifferung der älteren Schrift, der Linear A, eines Tages historisch aufschlußreichere Informationen zu erhalten.

Im Verlauf der langen Menschheitsgeschichte entwickelten

Völker oder Rassen die Schrift oder erlernten sie und vergaßen sie dann wieder aus verschiedenen Gründen, wie im Fall´der kretischen Schriften Linear A und B und der archaischen griechischen Schrift Griechenlands selbst. Ein ungewöhnlicher Aspekt des Phänomens, daß das schriftliche Griechisch zwischen dem 12. Jahrhundert v. Chr. bis etwa 850 v. Chr. verschwand und eine neue Schrift auftauchte, wurde kürzlich von James Mavor, einem amerikanischen Archäologen und Ozeanographen, in seinem Buch *Voyage to Atlantis* (dt. *Reise nach Atlantis*) durch einen Absatz aus Platos *Timaios*-Dialog aufgezeigt. In der Atlantis-Erzählung der Priester von Saïs wird deutlich, daß die Ägypter über das Analphabetentum der Griechen Bescheid wußten: »... die Regenflut des Himmels über euch hereinbricht und nur die der Schrift Unkundigen und Ungebildeten am Leben läßt; dann werdet ihr immer gleichsam von neuem wieder jung und wißt nichts von unserer und eurer alten Geschichte ...«

Da Schriftsysteme gewöhnlich durch das Verschwinden oder den Zusammenbruch einer Kultur oder die Ablösung einer Kultur durch eine andere verlorengehen, ist das jahrhundertelange Verschwinden der griechischen Schrift als solches irgendwie rätselhaft, zumal die Kultur selbst kontinuierlich weiterbestand.

Das »Alphabet« der Osterinsel, das aus einer Reihe von gekrümmten Strichen und Bildzeichen auf hölzernen Täfelchen besteht, ist ein hervorragendes Beispiel dafür, wie eine Schriftsprache durch kulturellen Verfall verlorengeht. Bevölkerungsschwund und Eroberungen waren daran schuld, daß die Nachkommen jenes Volkes, das diese Schrift verwendete, zwar wußten, daß es eine Schrift war, diese aber nicht mehr lesen konnten. Diese Täfelchen sind noch nicht übersetzt worden und werden es vielleicht nie, wenn man nicht einen Schlüssel oder einen übersetzbaren Kreuzverweis findet. Diese Schrift der Osterinsel zeigt jedoch eine überraschende Ähnlichkeit mit der Schrift des Indus-Tals, die in den großen Städten Mohenjo Daro und Harappa im heutigen Pakistan vor über 5000 Jahren gebräuchlich war. Ein Vergleich zwischen diesen beiden Schriften erbringt einen recht überzeugenden visuellen Beweis dafür, daß sie mit-

Vergleich zwischen einigen Schriftzeichen aus dem Indus-Tal und von der Osterinsel, die eine frappierende Ähnlichkeit, ja Gleichheit zeigen, obwohl die Zentren der Gebiete, in denen sie gebräuchlich waren, viele Tausende Kilometer weit auseinanderlagen.

einander verwandt sind. Da jedoch die Indus-Tal-Schrift ebenfalls noch nicht entziffert worden ist, bleibt die Frage ihrer Verwandtschaft und Bedeutung ein undurchdringliches Geheimnis.

Dieses Geheimnis ist sogar undurchdringlicher denn je. Falls nämlich die Osterinsel vom amerikanischen Kontinent aus besiedelt wurde, wie Heyerdahl wegen der Richtung des Pazifikstroms vermutete, gelangte vielleicht eine Form der Osterinsel-Schrift von Amerika zu der Indischen Halbinsel. Andernfalls würde das Vorhandensein dieser Indus-Tal-Schrift auf der Osterinsel bedeuten, daß eine alte Frühkultur den Pazifischen Ozean Tausende von Kilometern überquerte, um eine Kolonie auf einer kleinen Insel zu gründen, die mehr zu Nordamerika als zu Asien gehört. Außerdem ähneln die noch auf der Osterinsel vorhandenen Ruinen ganz ausgesprochen denen der Küstenkultur Perus. Aber noch eine dritte Möglichkeit wurde lange Zeit in Erwägung gezogen, und zwar, daß die Osterinsel der Überrest eines versunkenen pazifischen Kontinents ist, obwohl diese Theorie durch die auf dem Meeresboden des Pazifischen Ozeans vorgenommenen Untersuchungen nicht bestätigt wurde.

Ob die Osterinsel-Schrift nun aus dem Osten oder dem Westen kam, ihre Ähnlichkeit mit einer uralten indischen Schrift stellt auf jeden Fall ein bemerkenswertes Schriftsprachenglied zwischen der Alten und der Neuen Welt über den Pazifik hinweg dar, obgleich es aus zwei Sprachen besteht, die wir weder lesen noch identifizieren können.

Ein Beispiel dafür, daß die Schriftsprache eines Volkes eine ganz andere als die mündliche Sprache sein kann, finden wir bei den Tuareg, dem sogenannten »Blauen Volk« der Wüste Sahara, deren blaue Gesichtsschleier oft eine Blaufärbung der Haut verursachen. Man glaubt, daß die Tuaregs sprachliche Verbindungen mit dem Punischen und Altlibyschen haben, was uns wieder zur phönizischen Kultur zurückführt. Ihre alphabetische Schriftsprache, das T'ifinagh, die n i c h t ihrer mündlichen Sprache, dem Temajegh, entspricht, geriet in Vergessenheit, bevor sie richtig erfaßt oder übersetzt werden konnte. Diese eigenartige alphabetische Schrift, die für immer in der Wüste verlorenging, ist ein weiteres sprachliches Geheimnis mit ausgesprochen »atlantischen« Anklängen.

In den alten Legenden und Kunstwerken Nord- und Südamerikas finden wir ständig Hinweise darauf, daß die Schrift von Göttern oder Lehrern stammte, die aus dem Osten oder dem östlichen Meer kamen. So heißt es zum Beispiel von Quetzalcoatl, daß er aus dem »Schwarzen und Roten Land« kam, was man dahingehend interpretieren kann, daß es das Land der Schrift war, denn Schwarz und Rot waren die Farben, welche die Azteken vorwiegend für ihre Bilderschrift benutzten. (Das »Schwarze und Rote Land« paßt auch zu Platos Beschreibung der aus schwarzen und roten Steinen erbauten Städte von Atlantis.)

Eine interessante Vorstellung von einer Gruppe von Priestern oder Gelehrten, die die Schrift in das präkolumbische Mexiko brachten, verdanken wir Sahagún, einem spanischen Chronisten der Eroberung Mexikos, der diese Überlieferung nach alten Quellen zitiert: — »[Sie] kamen über das Wasser und landeten nahe [bei Vera Cruz] — die weisen alten Männer, die all die Schriften — die Bücher — die Bilder hatten.«

Über ein eigenartiges Element der historischen Überlieferung Perus berichtet Fernando de Montesinos, ein spanischer Forscher der Geschichte der Inkas. Gemäß der mündlich überlieferten Geschichte wurde dem Inka Huanacauri (der einer früheren Dynastie als jener angehörte, welche durch die Konquistadoren die letzte wurde) von Priestern der Sonne geraten, die Schrift abzuschaffen, falls er sein Reich von der Pest befreien wolle, die dieses verwüstete; durch die Abschaffung der Schrift würde die Pest verschwinden. Huanacauri verbot also das Schreiben unter Todesstrafe und ließ einige ungehorsame Schreiber hinrichten. Sowohl die Schrift wie die Pest sollen aus dem Inkareich verschwunden sein. Wie wurde diese Geschichte ohne schriftliche Unterlagen über so viele Generationen hinweg lebendig erhalten? Durch menschliche »Geschichtsspeicher«, die für diese Aufgabe ausgesucht wurden und die Geschichte und Literatur der Inkas auswendig lernen und an die jeweils nächste Generation weitergeben mußten. Sogar ziemlich lange Gedichte und traditionelle »Theaterspiele« wie das *Ollantay* wurden in Ketschua durch mündliche Überlieferung aus den Zeiten der Inkas bewahrt und später aufgeschrieben und in der Moderne aufgeführt. Die Zahlen über die Bevölkerung, die Produktion und die Abgaben wurden im Inkareich durch ein System großer Quasten aus bunten, mit Knoten versehenen Schnüren festgehalten, wie wir bereits erwähnten, und es ist durchaus möglich, daß die gedächtnismäßig geschulten »Bewahrer« der Geschichte diese Schnüre als Ersatz für schriftliche Unterlagen und als Gedächtnisstützen benutzten. Den genauen und vollständigen Gebrauch dieser Schnüre — der *quipus* — verstehen wir sogar heute noch nicht, und es ist nicht ausgeschlossen, daß in hohen Andendörfern, wo Ketschua oder Aymará gesprochen wird, unbekanntes Inka-Wissen überlebt hat, uns aber nicht zugänglich ist.

Da so viele Inschriften der Neuen Welt sich als das Werk zeitgenössischer Indianer, früher Forscher oder sogar als das von Witzbolden herausstellten, gehen die Gelehrten mit äußerster Vorsicht an die vielen »alten«, in Venezuela, Kolumbien und Brasilien gefundenen Inschriften heran, von denen manche in Griechisch geschrieben zu sein scheinen und manche in Phönizisch, während andere nicht zu entziffern sind.

Man darf nicht vergessen, daß große Teile Südamerikas nicht nur archäologisch, sondern in jeder Hinsicht unerforschtes Gebiet sind, das man lediglich aus der Vogelperspektive, also aus dem Flugzeug kennt, mit dem man über diesen undurchdringlichen Dschungel fliegen kann, der einem grünen Ozean gleicht. Auf Grund der Inschriften, die man an den Ufern der Flüsse, die vielleicht einst Häfen waren, und auf Hügeln, die vielleicht Ruinen sind, fand, und der Legenden von Städten, die unter dem Baumdickicht des Urwalds versunken sind, hat man diesen grünen Ozean oft für einen weiteren möglichen Schlüssel zur Lösung des atlantischen Geheimnisses und vieler anderer prähistorischer Rätsel gehalten. Der Forscher Fawcett hat auf der Suche nach Spuren solcher »versunkener Städte« im südamerikanischen Dschungel sein Leben gelassen.

Obgleich viele der im Osten Südamerikas gefundenen Inschriften als Schwindel bezeichnet wurden, erscheint es unwahrscheinlich, daß Witzbolde sich die Mühe machen würden, die Urwaldflüsse so weit hinaufzufahren; und es erscheint ebenso unwahrscheinlich, daß die primitiven Urwaldindianer sich dieser Anstrengung unterziehen oder griechische oder phönizische Buchstaben lernen würden.

Man scheint außerdem bestimmte konkrete Beweise für Besucher von jenseits des Ozeans gefunden zu haben — zum Beispiel ein römisches Münzversteck, auf das man bei Ausgrabungsarbeiten in Venezuela stieß und das nach den jüngsten Nachrichten Münzen bis aus der Zeit von 350 n. Chr. enthält. Im Lauf der weiteren Erforschung des südamerikanischen Urwalds werden wahrscheinlich noch mehr Inschriften entdeckt und wissenschaftlich untersucht und ausgewertet, die uns vielleicht weitere Hinweise nicht nur über die frühe Erforschung Amerikas geben werden, sondern auch darüber, wer diese Forscher waren und was für Alphabete oder Schriftsysteme sie benutzten.

Wir besitzen also alles in allem gewisse linguistische Erinnerungen, einige Theorien über mögliche isolierte Überreste einer antediluvialen Sprache sowie einige noch nicht entzifferte Schriften, deren Übersetzung, die eines Tages hoffentlich gelingt, vielleicht das große Geheimnis lüften wird — es aber auch noch unergründlicher machen kann.

Gibt es sonst noch etwas in linguistischer Hinsicht? Ja, es gibt noch ein interessantes und aufschlußreiches Element, und das ist der Name von Atlantis selbst. Die Bewohner dieses Kontinents oder Imperiums — angenommen, daß Atlantis wirklich einst existierte — nannten ihr Reich vielleicht gar nicht mit dem griechischen oder platonischen Namen. Die ständige Wiederkehr derselben Buchstaben und Klangfolge in verschiedenen Sprachen in dem Namen, mit dem Völker auf beiden Seiten des Atlantischen Ozeans und in weit von ihm entfernten Gebieten die Wiege und Urheimat der Menschheit, das irdische Paradies, das Ursprungsland aller Kultur bezeichneten, stellt eine lebendige Erinnerung an ein Land und eine Zivilisation dar, die — ob es sie nun einst tatsächlich gab oder nicht — die Menschheit nie zu vergessen vermochte.

II

Wo lag Atlantis?

Genauso, wie die Meinungen darüber, ob Atlantis tatsächlich jemals existierte oder nicht, in der akademischen Welt auseinandergehen, gibt es sogar unter den glühendsten Anhängern der Atlantis-Theorie beträchtlich voneinander abweichende Ansichten über die einstige geographische Lage von Atlantis — die vermutlich auch noch die heutige ist. Viele Forscher vermuten Atlantis auf dem Boden des Atlantiks, wo es sich Plato zufolge befand. Andere meinen, daß es unter Land begraben liegt — unter dem Sand der Sahara, die einst ein Binnenmeer war. Einige andere glauben, es befinde sich unter dem Eis der Arktis oder unter den Wassermassen diverser Meere und Ozeane, während wieder andere der Ansicht sind, daß Atlantis lediglich der von Plato erfundene Name für eine historische Kultur war, die man durch einen geographischen Irrtum »jenseits der Säulen des Herakles« wähnte.

Obwohl mehrere tausend Bücher für und gegen die Atlantis-Theorie geschrieben worden sind, ist es interessant festzustellen, welches bei den führenden Schriftstellern und Forschern von heute wie einst die vorherrschende Meinung über die geographische Lage von Atlantis war, beziehungsweise ist. Bei einer Auswahl von 27 Experten zu diesem Thema erhalten wir folgendes Ergebnis: (In Anbetracht der ungeheuren Vielzahl von Autoren, die Bücher über Atlantis veröffentlichten, wurden bei dieser Aufstellung nur die historisch wichtigsten oder hervorragendsten Forscher berücksichtigt sowie tatsächlich durchgeführte Expeditionen zur Erforschung eines bestimmten Gebietes.)

VERMUTETE GEOGRAPHISCHE LAGE VON ATLANTIS	ANZAHL DER EXPERTEN MIT DIESER MEINUNG
Eine versunkene Insel oder mehrere Landbrücken im Atlantik	97
Existierte nie geographisch — nur als Legende	46
Nord- oder Südamerika — oder beides	21
Marokko oder Nordafrika (einschließlich Karthago)	15
Das Heilige Land einschließlich Israel und dem Libanon	9
Tartessos und Südspanien	9
Kreta und/oder Thera	9
Gibraltar	6
Andere Inseln im Mittelmeer und/oder Malta	6
Versunkener Kontinent im Pazifik	4
Wüste Sahara	3
Iran	3
Kanarische Inseln	2
Ceylon	2
Mexiko	2
Grönland	2
Südafrika	2
Krim und Südrußland	2
Niederlande	2
Kaukasus	2
Brasilien	2
Nigerien	2
Arabien	1
Belgien	1
Großbritannien	1
Katalonien	1
Ostpreußen	1
Äthiopien	1
Frankreich	1
Irak	1
Mecklenburg	1
Nordeuropa	1
Nördlicher Polarkontinent	1
Portugal	1
Sibirien	1
Spitzbergen	1

Vermutete geographische Lage von Atlantis	Anzahl der Experten mit dieser Meinung
Schweden	1
Venezuela	1
Westindien	1
Versunkene Insel im Indischen Ozean	1

In dieser Aufstellung sind die Azoren nicht gesondert angeführt, da sie von den Autoren, die Atlantis für einen im Atlantik versunkenen Kontinent halten, als die obersten, über die Wasseroberfläche ragenden Berggipfel des versunkenen oder »achten« Kontinents, wie Atlantis manchmal genannt wird, betrachtet werden.

Bei der obigen Liste fällt einem bei näherem Studium die Tatsache auf, daß fast ein Fünftel der Forscher (die sich eine unbekannte Zahl von Jahren mit Forschungen zu dieser Frage befaßten) zu der Schlußfolgerung kam, daß Atlantis niemals existierte außer in den Köpfen derer, die darüber schrieben. Viele dieser Schriftsteller waren überzeugt, daß Plato Atlantis entweder als ein Musterbeispiel für seine philosophischen Vorstellungen über den idealen Staat erfand oder aber den Namen von Reisenden hörte, die ihn aus dem westlichen Mittelmeer mit zurückbrachten, und daß er ihn in Verbindung mit tatsächlich existierenden Orten verwandte, deren entwickelte organisatorische Struktur wie auch architektonischen und technischen Werke seine Zuhörer beeindrucken sollten. Berichte über die Größe, Herrlichkeit und Macht Babylons, Kretas oder Persiens würden sich mit dieser Schilderung einer »Supermacht« decken. Andere Forscher äußerten die Vermutung, daß die ägyptischen Priester vielleicht w i r k l i c h Solon etwas sagten, was Platos Bericht entsprach, es aber nur taten, um sein Wohlwollen zu erringen und den Athenern mit der Vorstellung zu schmeicheln, daß ihre Vorfahren vermocht hatten, eine atlantische Armee zu besiegen.

Die Gegner der Atlantis-Theorie scheinen in ihrer Kritik seit Aristoteles' Zeiten irgendwie gemäßigter geworden zu sein.

Dieses offenkundige Interesse an diesem Thema, sogar seitens der Zweifler, mag durch den Zauber der atlantischen Legende bewirkt worden sein oder aber durch die im Lauf des wachsenden Wissens über die Vergangenheit zunehmende Erkenntnis, daß bestimmte prähistorische Kulturen nicht als das erkannt wurden, was sie in Wirklichkeit waren, und daß die Prähistorie der Menschheit älter ist, als man glaubte. Einige der Gegner der Atlantis-Theorie sind zu der Schlußfolgerung gelangt, daß Atlantis ein psychologisches Bedürfnis befriedigt — das Bedürfnis der Menschheit, sich mit der Vorstellung zu trösten, daß im Goldenen Zeitalter alles besser war, ehe die erste vollkommene menschliche Zivilisation durch feindliche Elemente vernichtet wurde.

Andere erblicken in der Atlantis-Theorie ein brauchbares Anschauungsbeispiel, besonders im Hinblick auf die Legende, nach der Atlantis durch den moralischen Verfall seiner Bewohner unterging. Zu dieser Gruppe gehören auch die Atlantis-Anhänger von gestern und vor allem heute, die hoffen, daß die Menschheit die atlantische Lektion beherzigen und nicht ein zweitesmal ihre eigene Vernichtung heraufbeschwören wird. Sowie eine geheimnisvolle oder isolierte prähistorische Kultur entdeckt wird, taucht früher oder später unweigerlich die Frage auf: »Kann dies Atlantis gewesen sein?« oder »War dies der Grund für die Atlantis-Sage?«

Einige dieser Theorien sind besonders interessant wegen der Maßangaben, auf die sie sich stützen; es werden in diesen Theorien die Maßangaben, die Plato im Zusammenhang mit Atlantis und seiner Hauptstadt mit ihrem Netz von Kanälen nannte, mit mehreren archäologischen Ausgrabungsstätten verglichen.

Albert Herrmann, ein deutscher Wissenschaftler, vertrat die Ansicht, daß Atlantis in Tunesien lag. Er stützte seine Theorie zu einem großen Teil auf die Vermutung, daß das, was die ägyptischen Priester von Saïs Solon erzählten, möglicherweise falsch übersetzt wurde. Er weist darauf hin, daß alle von Plato angegebenen Maße durch 30 teilbar sind, und folgert daraus, daß die ägyptischen Maßangaben wahrscheinlich in *schomos* —

1 Stadion entspricht 30 *schomos* — gemacht wurden und daß der Dolmetscher in einem verwirrten Versuch, »richtig« zu übersetzen, die ihm genannten Zahlen mit 30 multiplizierte. Wir wissen jedoch nicht, ob Solon überhaupt einen Dolmetscher benutzte, da es durchaus möglich ist, daß die ägyptischen Priester Griechisch sprachen. Auf jeden Fall brachte Herrmann Tunesien mit den über Atlantis gemachten Maßangaben genau in Übereinstimmung und stellte nach der Vermessung der großen zentralen Ebene fest, daß auch sie den von Plato angegebenen Maßen entspricht, wenn man ihre Abmessungen durch 30 teilt. Seiner Ansicht nach ist der Schott el Djerid, ein sumpfiger See, in dessen Nähe man bei Grabungen auf fossilierte Meeresmollusken stieß, der einstige Tritonis-See, ein mit dem Mittelmeer verbundenes Binnengewässer, und waren die angeblich gewaltigen Kanäle nur 3,30 Meter breit. Herrmann glaubte Überreste der Stadt Poseidons entdeckt zu haben, die er ebenfalls mit arabischen Legenden über die uralte »Stadt Brass« in Verbindung brachte. Die Stadt lag in der Sahara bei dem Dorf Rhelissia, das nur aus fünfzehn Häusern bestand, aber einige unterirdische Wasserwege hatte (Überreste von Kanälen?). Obgleich die von Herrmann genannten horizontalen Maßangaben zumindest zu diskutieren sind, würden jedoch die von Plato beschriebenen hochaufragenden Gebirge und luftigen Tempel durch Herrmanns vertikale Maßangaben im Verhältnis 30 zu 1 zu Hügeln und Hütten zusammenschrumpfen.

Ein anderer deutscher Atlantisforscher, Pastor Jürgen Spanuth, stellte in seinem 1953 veröffentlichten Buch *Das enträtselte Atlantis* eine Theorie auf, nach der Atlantis östlich von Helgoland vor der Elbmündung in der Nordsee lag, wo Berichte von versunkenen Bauten lange Zeit allgemein verbreitet waren. Nach Spanuths Theorie war Atlantis die Hauptstadt eines nordischen Reichs, von dem im 12. Jahrhundert v. Chr. der Angriff auf Ägypten ausging, über den die ägyptischen Unterlagen berichten. Indem er seine Aufmerksamkeit auf einige große Felsen auf dem flachen Meeresboden konzentrierte, die seiner Ansicht nach die atlantische Zitadelle sein konnten, bereicherte er die Unterwasserforschung um ein neues Element — Scuba-Taucher*. Es war — soweit wir das wissen — das erstemal, daß Scuba-Taucher bei der Suche nach Atlantis eingesetzt wurden; eine sowohl logische wie im Hinblick auf die Zukunft vielversprechende Entwicklung in der Atlantisforschung. Im Fall der Spanuthschen Froschmänner verrieten die Telefonanrufe, die vom Meeresboden in nicht mehr als neun Meter Tiefe getätigt wurden, allerdings einen gewissen übertriebenen Enthusiasmus. Die Taucher berichteten, daß sie eine Reihe parallel verlaufender Mauern »aus riesigen Felsblöcke« gefunden hätten, deren spätere Vermessung ebenso wie ihre Färbung Platos Bericht entsprachen, allerdings nur — wie in Herrmanns Theorie — in einem verkleinerten Maßstab. Zwei andere Tauchgruppen, welche dieses Gebiet untersuchten, stellten weitere Maße fest und brachten einige Stücke bearbeiteten Flint herauf.

Wegen des allgemeinen Ansteigens des Meeresspiegels, das durch das Absinken der Küsten in großen Teilen Europas während der Stein- und Bronzezeit erfolgte, bergen möglicherweise noch viele abgesunkene Küstengebiete weitere Steinzeitfunde. Das Tauchen nahe der Küste ist jedoch in der Nordsee und im Nordatlantik schwierig und oft undankbar wegen der mangelnden Sicht, ein Problem, das man in dem gewöhnlich klaren Wasser des Mittelmeeres, der Karibik und anderer südlicher Meere nicht kennt.

Dr. Spyridon Marinatos, ein griechischer Archäologe, und Dr. Angelos Galanopoulos, ein Seismologe, liefern mit ihrer Theorie die wahrscheinlich glaubwürdigste Erklärung für die Vermutung, nach der die archäologischen Ausgrabungsstellen der Insel Thera in der Ägäis das ehemalige Atlantis darstellen; diese Theorie ist auch das Thema des oben erwähnten Buches von James Mavor (Reise nach Atlantis). Sie erklärt den mysteriösen Zusammenbruch des minoisch-kretischen Imperiums und die Zerstörung seiner herrlichen Hauptstadt Knossos durch eine vulka-

---

* Scuba = Abkürzung für: Self contained under water breathing apparatus, also die moderne Taucherausrüstung mit Sauerstoffflasche. (Anm. d. Übers.)

nische Explosion, die 1500 v. Chr. die Insel Thera auseinandersprengte und einen Teil der Insel in eine tiefe unterseeische Schlucht verwandelte. Man nimmt an, daß Kreta ebenfalls von diesem Erdbeben betroffen wurde, das seine Städte so verhängnisvoll einstürzen und niederbrennen ließ, daß sie nie wieder ihre vorherige hohe Kulturstufe erreichten. Die durch dieses Erdbeben verursachten Flutwellen müssen mit ihren Wassermassen über die gesamten Küsten des Mittelmeeres hinweggedonnert sein und große und kleine Küstenstädte unter sich begraben haben. Sie waren möglicherweise der Anlaß für einige der Sintflutlegenden. Bei Ausgrabungen ist man auf Thera und Kreta manchmal in mehr als 40 Meter Tiefe auf vulkanische Asche gestoßen. Künftige Ausgrabungen sowohl auf dem Land wie unter Wasser werden zweifellos weitere Aufschlüsse über eine derartige Naturkatastrophe liefern.

Da der ägyptische Handel mit Kreta durch den mysteriösen Verfall des minoischen Imperiums und seiner Hauptstadt Knossos abbrach, waren vielleicht die Ägypter, die plötzlich nichts mehr von Kreta hörten, die Urheber der Legende, daß es verschwunden oder versunken war. Es ist ebenfalls die Vermutung geäußert worden, daß die Berichte von der Invasion, die Ägypten über das Meer von Norden her erreichte, jene Menschen betrafen, die durch das Erdbeben ihr Land und gesamtes Hab und Gut verloren hatten und nun in Ägypten eindrangen, in dem Versuch, sich neues Siedlungsland zu erobern.

Dr. Galanopoulos untermauert die Thera-Atlantis-Theorie noch weiter, indem er nicht nur die von Plato genannten Entfernungsangaben, sondern auch seine eigenen Berechnungen durch 10 teilt, wenn sie die Zahl 1000 ü b e r s t e i g e n, sie jedoch unverändert für Vergleiche mit den auf Thera und Kreta vorgenommenen Messungen übernimmt, wenn sie u n t e r 1000 liegen. Auf diese Weise würde der Wassergraben, der die im Zentrum von Atlantis liegende Hauptstadt umgab, nicht eine Länge von 1550 Kilometer, sondern nur von 155 Kilometer gehabt haben, was ungefähr dem Kreisumfang der Ebene von Messara auf Kreta entspricht. Auf die gleiche Weise würde man

bei der Berechnung der Stärke der atlantischen Armee nicht auf
1 200 000 Mann, sondern auf nur 120 000 kommen, und die
Flotte würde sich von 1200 Schiffen auf bescheidene 120 ver-
ringern. Sogar das von Plato genannte Datum der Vernichtung
von Atlantis würde, durch 10 dividiert, mehr dem Zeitpunkt
der tatsächlichen Zerstörung Theras entsprechen. Man glaubt,
die augenscheinliche Diskrepanz zwischen den Zahlen über 1000
dadurch erklären zu können, daß dieser grundsätzliche Irrtum
sich bei der Übersetzung der ägyptischen Hieroglyphen einschlich
oder auf einer Fehlinterpretation der kretischen Schrift beruhte.

Arthur C. Clarke, der hervorragende Autor von wissenschaftlichen Sach- und Science-fiction-Büchern, dessen Interesse sowohl
der Vergangenheit wie der Zukunft, den Tiefen der Ozeane wie
dem Weltraum gilt, ist der Ansicht, daß die Mittelmeervölker
auch im Falle, daß Atlantis tatsächlich existierte, sich nicht daran,
sondern an die weniger weit zurückliegende Thera-Katastrophe
erinnert hätten. Als Beweis führte er die Tatsache an, daß niemand in Amerika mehr über das Erdbeben von San Francisco
1836 spricht, weil die Menschen sich nur noch an das Unglück
jüngeren Datums — den Brand von 1906 — erinnern, das,
nebenbei bemerkt, viel weniger Verwüstung anrichtete. Clarke
geht mit seinen Analogien noch einen recht beunruhigenden
Schritt weiter: Falls Chikago, so meint er, von einer Atombombe
getroffen würde, würden die Überlebenden sich nur noch an die
Bombe und n i c h t mehr an den Brand von Chikago im Jahre
1871 erinnern.

Ignatius Donnelly führte Thera (auch Santorini oder Santorin
genannt) 1882 als ein Beispiel für die durch Vulkanausbrüche
und Erdbeben verursachten Landveränderungen von Mittelmeerinseln an und behauptete, daß »eine kürzliche Untersuchung
dieser Inseln zeigt, daß die gesamte Landmasse von Santorin seit
ihrem Auftauchen aus dem Meer mehr als vierhundert Meter abgesunken ist«. Donnelly scheint sich damit auf den tiefen unterseeischen Graben zu beziehen, der sich jetzt dort befindet, wo
früher Land war, bevor dieser Teil Theras (Santorins) versank.

Dr. Galanopoulos, der sich an näheren Untersuchungen dieses

unterseeischen Grabens beteiligte, äußerte die Vermutung, daß sich die einstige Hauptstadt von Atlantis ganz in seiner Nähe befand, und veranschaulichte durch eine erfinderisch übereinanderkopierte Zeichnung, wie die von Plato beschriebene Poseidonszitadelle in die Nord- und Südspitze Theras, die sich von der Hauptmasse der Insel nach Westen erstrecken und zwischen sich eine Bucht bilden, hineinpassen würde. In einer Tiefe von vierzig Meter wurden in dieser Bucht mehrere Unterwasserruinen gefunden.

Allein schon seinem Aussehen nach scheint Thera der Überrest einer vulkanischen Katastrophe zu sein, mit seinem in der Mitte aufragenden rauchenden Bergkegel, seinen schwarzen Klippen und häufigen Erdbeben, von denen eines kürzlich die Seilbahnverbindung zu dem Vulkan zerstörte. Ein weiterer Beweis für die seismische Tätigkeit dieses Gebiets sind die kleinen Inselchen, die von Zeit zu Zeit aus dem Meer auftauchen und von den Einheimischen »die verbrannten Inseln« genannt werden. Das Wasser ringsum ist derart schwefelhaltig, daß die Fischerboote von allem Algen- und Entenmuschelbewuchs gereinigt werden, wenn sie einige Tage lang bei den »verbrannten Inseln« ankern. Der Name »Thera« leitet sich von dem altgriechischen Wort für »wildes Biest« ab. Die Insel bleibt mit ihrem unterirdischen Grollen und den aufsteigenden Rauchwolken auch heute noch diesem Namen treu, der unbezähmbare Wildheit und Gefahr beinhaltet, und scheint jederzeit zu einer Wiederholung der überlieferten Explosion bereit zu sein.

Aber Thera und Kreta liegen im Mittelmeer und ganz eindeutig d i e s s e i t s der Säulen des Herakles, während Plato und die Legende Atlantis jenseits von ihnen in den Atlantik verlegten. Kann es sein, daß Plato oder die Quellen, aus denen er sein Wissen schöpfte, geographisch verwirrt waren? Das scheint durchaus möglich, wenn man bedenkt, zu welcher Epoche Plato lebte. Beide Inseln — der Name Atlantis wurde nicht in Verbindung mit Thera oder Kreta genannt — waren jedoch Zentren einer hohen Zivilisation, die von Naturkatastrophen getroffen und zu einem großen Teil vernichtet wurden. Falls wir die Zerstörung Theras als ein tatsächlich erfolgtes Ereignis akzeptieren — in Anbetracht der überzeugenden vorhandenen Beweise haben wir keine andere Wahl —, müssen wir dann jeden Gedanken an ein »atlantisches Atlantis« aufgeben? Aber auch wenn wir uns der Meinung anschließen, daß Thera Atlantis war, bleibt immer noch der Name Atlantis als solcher zu erklären und gewisse rätselhafte und bis heute noch nicht beantwortete Fragen hinsichtlich bestimmter Überlieferungen, völkischer Erinnerungen und Ähnlichkeiten, der Verbreitung von Menschenrassen und Tierarten, der kulturellen Übereinstimmung in Kunst und Architektur, wie sie vor Kolumbus auf beiden Seiten des Atlantiks bestanden.

Aber gibt es sonst noch etwas? Irgendwelche Hinweise dafür, daß Atlantis nicht nur ein Name in einer »zugkräftigen« Geschichte war, bei der es um eine ganz bestimmte lokale Naturkatastrophe ging? Ja, es gibt einige erstaunliche Tatsachen, die, würde man sie in Verbindung mit anderen Faktoren studieren, viel zur Erklärung des Geheimnisses um Atlantis beitragen und neue Wege zu einer sogar noch gründlicheren Erforschung erschließen könnten.

Bevor wir uns jedoch der offensichtlichen Erklärung zuwenden (falls es überhaupt für etwas, das sich in der fernen Vergangenheit der Menschheitsgeschichte ereignete, eine solche geben kann), wollen wir uns noch etwas weiter in das Geheimnis um Atlantis vorwagen.

Als die Kanarischen Inseln im 14. Jahrhundert von den Europäern entdeckt wurden, bekundeten ihre Bewohner, als eine sprachliche Verständigung mit den Spaniern möglich geworden war, ihre Überraschung darüber, daß es noch andere lebende Menschen gab, da sie geglaubt hatten, daß die gesamte Menschheit in einer Katastrophe umgekommen sei, bei der nur einige Gebirge, ihre jetzige Heimat, nicht im Wasser versunken waren. Diese Inselbevölkerung besaß außerdem eine eigenartige Mischung aus einer zivilisierten Kultur und steinzeitlicher Primitivität.

Sie hatten unter anderem ein System einer Wahlmonarchie mit

zehn Königen (siehe Atlantis!), beteten die Sonne an, hatten einen besonderen Orden heiliger, der Sonne geweihter Priesterinnen, mumifizierten ihre Toten, bauten Häuser aus dicht zusammengefügten Steinen mit rot-, weiß- und schwarzfarbigen Mauern sowie gewaltige runde Befestigungsanlagen, kannten eine Art der Bewässerung durch Kanäle, nahmen Tätowierungen vor, indem sie die Haut mit Siegeln bedruckten, stellten Tongefäße her, die denen der amerikanischen Indianer glichen, und Steinlampen, besaßen eine Literatur und sogar Gedichte und eine Schriftsprache. Ihre mündliche Sprache — die für immer verlorenging — scheint mit jener der Berber verwandt gewesen zu sein und vielleicht ebenfalls mit jener der Tuaregvölker Afrikas, die oft für die möglichen rassischen Nachkommen der Atlantiden gehalten werden.

Mehrere der oben aufgezählten Kulturmanifestationen entsprechen recht genau denen von Atlantis und anderen atlantischen, transatlantischen und Mittelmeerkulturen. Es ist die Vermutung geäußert worden, daß die Kanarischen Inseln von den Phöniziern besiedelt wurden; es erscheint jedoch unwahrscheinlich, daß ein Volk von Seefahrern Nachkommen hinterläßt, die auf einer Insel leben, aber das Meer meiden. Es wäre nur durch die Annahme zu erklären, daß eine Flutkatastrophe bei den Überlebenden und ihren Nachkommen eine traumatische Erinnerung hinterließ.

Andere Anzeichen sprechen für einen beträchtlichen kulturellen Verfall, so die Tatsache, daß die Guanchen ihre Kriege mit Steinen und hölzernen Waffen führten — aber doch noch so gut organisiert waren, daß sie sich eine Zeitlang gegen die Spanier behaupten konnten.

Bei der Untersuchung der Schädel von Mumien ist man auf eine verblüffende Übereinstimmung der medizinischen Praktiken gestoßen. Es handelt sich um die Trepanationstechnik, bei der das Gehirn bei einer Schädelverletzung mit einer Gold- oder Silberplatte abgedeckt wird. Sowohl die Guanchen der Kanarischen Inseln wie die peruanischen Inkas praktizierten diese schwierige medizinische Kunst, aber man kann nur Vermutungen darüber anstellen, ob sie einer gemeinsamen atlantischen Kultur entstammte oder das Ergebnis einer natürlichen Entwicklung bei Völkern war, die die Angewohnheit hatten, ihre Feinde mit Keulenhieben auf den Kopf zu traktieren.

Sogar einige der von Plato genau beschriebenen Details kann man auf den atlantischen Inseln wiederfinden. So berichtet Plato von schwarzen, weißen und roten Felsen; vulkanisches Felsgestein in genau diesen Farben kann man heute noch in den Steinen der Azoren, der Kanarischen Inseln und anderer atlantischer Inseln sehen. Das erwähnte milde Klima und der unerschöpfliche Obstreichtum gilt immer noch für Madeira, die Kanarischen Inseln und die Azoren, und der große, in der zentralen Ebene emporragende Berg könnte der Teyde auf Teneriffa sein. Eine andere Übereinstimmung mit Platos Bericht bilden die heißen und kalten Quellen, die angeblich durch Poseidons Dreizack entstanden. Diese Quellen gibt es, genau wie die roten, weißen und schwarzen Steine, auch heute noch auf den Azoren.

Paul le Cour, der Gründer der französischen Gesellschaft *Les Amis d'Atlantis* wie auch einer Zeitschrift mit dem Titel *Atlantis,* besuchte die Azoren und berichtete von diesen Übereinstimmungen und dem noch heute üblichen Gebrauch von Schlitten auf den Azoren, die über runde Kieselsteine gezogen werden und ein Überbleibsel einer steinzeitlichen Transportart darstellen, das sich bis in die Moderne erhalten hat. Die Azoren gleichen genau wie Thera, nur noch in verstärktem Maße, den Überresten eines versunkenen Landes, mit ihren mächtigen schwarzen Berggipfeln, die direkt aus dem Meer aufsteigen.

Es kam offensichtlich im Altertum zu gelegentlichen Kontakten zwischen den Guanchen und den Phöniziern, Karthagern, Numidiern und Römern, doch hatte ihre ehemalige Kultur sich beträchtlich zurückgebildet, als sie von den Spaniern »entdeckt« wurden.

Es gibt keine Unterlagen oder Berichte darüber, daß man bei der Entdeckung der Azoren irgendwelche einheimischen Bewohner vorfand, obwohl man auf Relikte stieß, die von früheren Bewohnern oder die Insel besuchenden Seefahrern stammen könnten. Auf der Insel San Miguel wurde in einer Höhle eine Steinplatte mit der Ritzzeichnung eines Gebäudes entdeckt. Paul le Cour »identifizierte« mit einem Enthusiasmus, der seiner Position als Gründer einer Atlantis-Gesellschaft durchaus würdig war, diese Gravur als die Darstellung eines atlantischen Tempels.

Anscheinend besuchten Karthager und Phönizier die Inseln, denn man fand auf Corco, der westlichsten Insel der Azoren, karthagische Münzen. Die ersten Forscher entdeckten — ebenfalls auf Corco — eine steinerne Reiterstatue mit einer nicht zu entziffernden, in den Sockel geritzten Inschrift. Unglücklicherweise befahl jedoch der König von Portugal im 16. Jahrhundert, sie wegzuschaffen; sie ging durch die Unachtsamkeit der damit beauftragten Arbeiter kaputt, und so ist sie, wie auch der Sockel mit der Inschrift, unwiderruflich verloren. Ein faszinierendes Detail wurde uns jedoch erhalten; A. Braghine, ein zeitgenössischer Forscher, berichtet darüber in seinem Buch *The Shadow of Atlantis* (dt. *Atlantis*). Als die portugiesischen Seefahrer auf ihrer Suche nach neuen Ländern die Azoren entdeckten und die Statue sahen, fiel ihnen auf, daß der Arm des Reiters gegen Westen zeigte — zur Neuen Welt hin. Und die Bewohner von Corco sollen die Statue *Catés* genannt haben, was weder im Portugiesischen noch im Spanischen etwas bedeutet, aber durch einen eigenartigen linguistischen Zufall in der Ketschuasprache des alten Inkareichs dem Wort für »folgen« oder »geh dorthin« — *cati* — ähnelt.

Wenn wir unter Berücksichtigung aller uns bekannten Fakten Betrachtungen über die atlantischen Inseln und ihre mögliche Verbindung mit den Küsten des Atlantiks sowie, bei Erweiterung des Kreises, mit den Inseln und Küstenkulturen der frühen Mittelmeerwelt anstellen, kommen wir einer eventuellen Lösung des Geheimnisses um Atlantis sehr nahe — einem Geheimnis, das vielleicht niemals ein Geheimnis war, da wir immer eine offenkundige Erklärung zur Hand hatten.

Die ozeanographische Forschung wie auch eine völlig neue Untersuchungspraxis, die Unterwasserforschung durch Scuba-

Taucher, vereinigen sich in dem Bemühen, eine logische und glaubwürdige Antwort zu finden.

Unterwasserforscher — auch wenn manche von ihnen Phantasten sein mögen — haben im allgemeinen eine praktische und pragmatische Einstellung, die für ihr Überleben quasi unentbehrlich ist. Sie haben sich in den vergangenen Jahren mit eigenen Augen davon überzeugt, daß der Wasserspiegel der Weltmeere im Lauf der Jahrhunderte ständig gestiegen ist, und das bedeutet, daß sich an den Küsten des Mittelmeeres und der Karibik wie auch der anderer Meere noch ein reiches, unerschlossenes Feld für archäologische Entdeckungen hinzieht.

Jean Albert Foëx bietet in seinem kürzlich erschienen Buch *Histoire Sous-Marine des Hommes* (dt. *Der Unterwassermensch*) die am wahrscheinlichsten erscheinende und gleichzeitig einleuchtendste Erklärung für Atlantis. Seine Schlußfolgerungen beruhen nicht auf Legenden oder Mythen, sondern auf anerkannten wissenschaftlichen Fakten.

Diese Schlußfolgerungen stützen sich auf die allgemein von Geologen und Ozeanographen anerkannte Tatsache, daß das Ansteigen der Weltmeere, das in den letzten Jahrtausenden etwa dreißig Zentimeter pro Jahrhundert betrug, vor einigen Jahrtausenden sehr viel schneller erfolgte. Um das 10. Jahrhundert v. Chr. lag der Meeresspiegel der Erde ungefähr 150 bis 170 Meter tiefer als heute. Das Ansteigen der Weltmeere wurde durch die beim Abschmelzen der letzten Gletscher freiwerdenden Wassermassen verursacht. Als die dritte und letzte Eiszeit zu Ende ging und das Eis schmolz, stiegen die Meere um mehr als 170 Meter, und dieses Ansteigen wurde von heftigen Regenfällen und Vulkanausbrüchen, vor allem in den vulkanischen Zonen des Atlantiks, begleitet, was alles zusammen wie der Untergang der Welt in einer einzigen furchtbaren Sintflut gewirkt haben muß. Mit anderen Worten: Der atlantische »Kulturkomplex«, der sich, wie logisch zu erwarten, auf klimatisch gemäßigten Inseln u n d benachbarten Küsten entwickeln konnte, verschwand in den Überflutungen und den gleichzeitigen, durch das Abschmelzen der letzten gewaltigen Gletscher ausgelösten seismischen Störungen. Durch dieses Ansteigen des Wasserspiegels ließe sich auch die Entstehung oder Vergrößerung des Mittelmeers erklären, dessen Boden kein richtiger typischer Meeresboden ist, sondern von Gebirgen und Tälern gekennzeichnet wird.

Wir befinden uns jetzt bei unseren Studien über Atlantis auf allgemein anerkanntem, wissenschaftlichem Grund. Wir wissen, daß die Gletscher existierten, wissen ebenfalls, daß es den voreiszeitlichen Menschen gab, und wissen durch die Carbon-14-Daten des aus den Meeren heraufgeholten Untersuchungsmaterials — einschließlich Austernmuscheln, Meeresmollusken, Torf, Mastodon- und Mammutknochen und sogar prähistorischen Werkzeugen —, in welchem Rhythmus die Weltmeere anstiegen.

Wenn wir uns die atlantischen Inseln so, wie sie damals waren — also mit dem sie umgebenden Meeresboden bis zu einer Tiefe von 170 Meter oder mehr — vorstellen, erhalten wir Inseln mit viel größeren Landflächen, vielleicht keine Kontinente, aber doch groß genug für eine blühende und fleißige Bevölkerung und die Entwicklung einer Zivilisation und Kultur. Auch die anderen Küsten, jene Frankreichs, Spaniens, Portugals, Nordafrikas und Amerikas, erstreckten sich weit in das Meer hinaus, wahrscheinlich bis zum Abbruchrand des Kontinentalsockels, wie die unterseeischen Cañons beweisen, die von den heutigen Flußmündungen bis zum Rand der Steilabfälle führen. Diese ozeanischen Inseln waren nicht nur größer als die heutigen, sondern auch zahlreicher. Zu ihnen würden als weite trockene Landflächen die Großen und die Kleinen Bahamabänke zählen, auf denen kürzlich unterseeische Bauten und Städte entdeckt wurden. Die »vorflutliche« Ausdehnung dieser Gebiete und der atlantischen Inseln erinnert uns an Platos Erwähnung der ».. . anderen Inseln . . . und von den Inseln auf das ganze gegenüberliegende Festland . . .«. Die Bevölkerungsschwerpunkte dieses prähistorischen Imperiums befanden sich natürlich oberhalb des damaligen Wasserspiegels, und genau in dieser Höhe sollte, wie Foëx ausführt, die Suche nach Atlantis fruchtbare Ergebnisse erbringen — und zwar nicht die Suche nach Legenden oder alten Überlieferungen, sondern das Aufspüren der Städte und Häfen des ehemaligen, versunkenen Atlantis. Sowohl bei den Azoren wie den Kanarischen Inseln hat man bereits Unterwasserbauten unbekannten Ursprungs entdeckt.

Mit dieser Erklärung, die, soweit es den ehemaligen Wasserstand betrifft, von der Wissenschaft bestätigt wird, bringen wir Atlantis wieder zurück in den Atlantik, und zwar genau dorthin, wo Plato es placierte. Aber der Atlantik war zu jener Zeit anders, im ganzen kleiner, und enthielt viel größere und näher an die Küste der umliegenden Kontinente heranreichende Inseln, genau wie Plato und andere es beschrieben.

Sogar das Zeitelement fügt sich nahtlos dieser Erklärung ein. Plato gibt nach den Aussagen der ägyptischen Priester von Saïs einen etwa 11 250 Jahre zurückliegenden Zeitpunkt für das Versinken von Atlantis an; und die moderne Wissenschaft datiert das Ende der letzten europäischen Eiszeit — also die letzten Gletscher — mit den darauffolgenden Überflutungen auf 10 000 v. Chr. Die Ausbreitung der megalithischen Kultur über Europa erfolgte zu ungefähr dieser Zeit, und da die Daten für Tartessos und die frühen Kulturen Südspaniens, Nordafrikas und der Mittelmeerinseln ständig weiter zurückgeschoben werden, nähern sie sich immer mehr der Periode, in der die letzten Gletscher abschmolzen und sich der vermutete Exodus aus Atlantis vollzog.

Es war, mit anderen Worten, alles z u m T e i l wahr — alles, was die Legenden und Mythen berichten, nur irgendwie verändert durch die Zeitenschleier der Überlieferung und die Vergeßlichkeit des menschlichen Gedächtnisses. Es gab einst große Inseln im Atlantik. Und es ereignete sich eine große Flut, welche die ganze Erde heimzusuchen schien. Aber die Wassermassen wichen nicht wieder zurück. Sie umgeben uns noch heute. Die Landmassen versanken gar nicht, sondern wurden unter den Fluten begraben. Und mit Ausnahme der Gebiete, die von der in Küstennähe auftretenden Ebbe und Flut erfaßt wurden, kamen diese Landmassen nicht wieder zum Vorschein. Und so liegen sie immer noch genau dort, diese »versunkenen« Länder, tief unter dem Meer. Nur ihre höchsten Gebirge ragen mit ihren Gipfeln über den Atlantik empor. Und zu ihren Füßen, auf den jetzt unterseeischen Sandbänken — den ehemaligen Ebenen fruchtbaren Landes —, müssen die Ruinen oder die Überreste ihrer Städte, Paläste und Tempel liegen.

Dieses Atlantis, das von dem durch die Gletscherschmelzwasser ansteigenden Atlantik überflutet wurde, ist selbstverständlich kaum das Weltimperium, das Donnelly annahm, noch das Goldene Zeitalter, von dem so viele seiner kulturellen Nachfahren träumten und immer noch träumen. Es mag oder mag auch nicht die von vielen Autoren beschriebene »Superzivilisation« mit modernen und uns noch unbekannten Erfindungen und Errungenschaften gewesen sein, die als mahnendes Beispiel für uns alle für ihre Sünden bestraft wurde. Wahrscheinlich i s t jedoch, daß auf fruchtbaren und klimatisch begünstigten Inseln gewisse Cromagnon-Völker als erste eine Kultur entwickelten, die sich auf umliegende Küstengebiete ausbreitete, und das sowohl bevor und nachdem die dramatische Veränderung der Erdoberfläche sie zwang, »auszuwandern«. Wir wissen nicht, welche Sprache sie sprachen, und besitzen nur eine vage Vorstellung über ihre Kultur. Doch falls wir jemals Klarheit darüber erhalten — und die Chancen stehen gar nicht schlecht —, werden wir sehr viel mehr über den Ursprung unserer Zivilisation, über unsere kulturelle Herkunft, unsere Prähistorie und vielleicht auch über uns selbst wissen.

12

Wo ist Atlantis zu suchen?

Mit der Entwicklung der Unterwasserforschung und Archäologie wird die Frage, ob man Atlantis mit seinen kulturellen wie materiellen Schätzen eines Tages findet, immer mehr zu einem Thema der Unterwasserforschung. Die Scuba-Taucher dringen in immer größere Tiefen vor und werden mit Spezialkombinationen von Gasmischungen bald Tiefen von 400 oder sogar 500 Meter erreichen.

Tiefseetauchkugeln, so wie Picards *Trieste II* und die *Archimède* der französischen Marine, können bereits auf den Boden der tiefsten Gräben des Ozeans gelangen. Es werden auch kleine U-Boote hergestellt, die sowohl äußerst manövrierfähig wie vielseitig sind und sozusagen eine Verlängerung der Arme eines Tauchers bilden. Sie sind mit Sonar und Fernsehkameras ausgerüstet. Das Tiefseetauchboot *Alvin* (Union Carbide), ein für zwei Taucher gebautes Unterwasserfahrzeug, fand und »rettete« die vor der spanischen Küste verlorene Atombombe.

Die kleineren Modelle werden laufend verbessert. Die zweisitzige *Star Class I* von General Dynamics hat eine Tauchdauer von 6 Stunden und eine Tiefenreichweite von 130 Meter, während die neue *Star Class III* ihre Tauchdauer auf 24 Stunden erweitert hat und eine Tiefe von 1000 Meter erreichen kann. Jacques Cousteau hat eine Tauchkapsel entwickelt, die bis zu Tiefen von 330 Meter einsatzfähig ist, und Dimitri Rebikoffs *Pegasus* — eine Art Torpedo, auf dem ein Scuba-Taucher wie auf einem Pferd reitet und es, wie ein guter Reiter, nicht mit den Händen, sondern mit den Beinen und Flossen steuert — verbindet größtmögliche Beweglichkeit mit einem Optimum an

War dies Atlantis?
Das Hochplateau am Mittelatlantischen Rücken.

Sicht. Die *PX 15*, die *Ben Franklin*, ist mit ihrer fünfköpfigen Besatzung ein Unterwasserfahrzeug für ausgedehnte Forschungsprogramme; sie hat breite Sichtfenster und kann, ohne aufzutauchen, wochenlang unter Wasser bleiben, wobei sie entweder mit eigenem Antrieb manövriert oder sich von Unterwasserströmungen in Tiefen bis zu 700 Meter treiben läßt.

Die *Asherah*, ein zweisitziges Spezialunterwasserfahrzeug, wurde von General Dynamics speziell für unterseeische archäologische Forschungen durch Tauchgruppen der University of Pennsylvania konstruiert. Sie macht mühelos 2,5 Knoten, ist mit allen möglichen Untersuchungsgeräten, einem geschlossenen Kreis von Fernsehkameras sowie mit stereoskopischen Kameras ausgerüstet — also ein maßgeschneidertes Forschungsgerät für die Unterwasserarchäologie.

Ein anderes Spezialunterwasserfahrzeug wurde für die Erforschung der »lebenden« Gegenwart entwickelt, und zwar für die Identifizierung des Ungeheuers von Loch Ness mit Hilfe von Sonaranlagen, die an den Ufern sowie auf Schiffen installiert waren. Die vielleicht am besten durchkonstruierte Tiefseetauchkugel für große Tiefen ist die Link *Deep Diver* mit ihrer Außenkammer. Die Taucher können sich, bevor sie das Fahrzeug verlassen, in dieser Druckkammer auf den in der jeweiligen Tiefe herrschenden Druck umstellen und bei ihrer Rückkehr allmählich an den normalen Innendruck der Kapsel anpassen. Auf diese Weise können sie viel länger und tiefer tauchen, und die Rückangleichung an normalen Druck ist ein wesentlich geringeres Problem.

Das *Sea-Lab*-Projekt, das jetzt im Versuchsstadium ist, ermöglicht es Tauchern, längere Perioden in einer Tiefe von über 200 Meter zu arbeiten. Es ist in diesem Zustand besonders interessant, sich daran zu erinnern. daß die Wassertiefe über den Kontinentalsockeln meist weniger als 200 Meter beträgt. Das *Sea-Lab*, ein »Unterwasserhaus«, ruht auf Stelzen dicht über dem Meeresgrund und hat im Boden einen direkten Ausgang in das Wasser, das durch Überdruck nicht eindringen kann; durch diesen Ausgang können die mit Mark VII Scuba-Ausrüstungen

mit speziellen Sauerstoff- und Heliummischungen versehenen
Taucher direkt auf den Meeresboden gelangen. Da in der Kapsel
der gleiche Druck wie draußen herrscht, können sie außerdem
viel länger in großen Tiefen bleiben, bevor sie sich wieder auf ge-
ringeren Druck umstellen.

Es gibt jetzt einen von Unterwasserfahrzeugen benutzten
Side-scan-Sonar, einen Flächenechograph, der zur Erfassung von
Unterwasserbauten wie auch von Naturformationen benutzt
werden kann. Mit Hilfe einer elektronisch erfolgenden Untersuchung kann man sogar die Beschaffenheit von unterseeischen
Bodenerhebungen feststellen. Und durch eine erstaunliche neue
Technik, die der magnetischen Aufnahme des Meeresbodens,
kann die Datierung direkt aus einem Unterwasserfahrzeug vorgenommen werden. Außerdem sind auf dem Gebiet der Datierung von Artefakten in den vergangenen Jahren geradezu spek-
takuläre Fortschritte gemacht worden, was sowohl für das Verfahren der Carbon-14-Datierung wie für die neuen Techniken
gilt, die mit Thermolumineszenz und Archäomagnetismus arbeiten.

Mit diesen jetzt zur Verfügung stehenden Hilfsmitteln dürfte
es zweifellos leichter sein, Überreste von Atlantis zu entdecken,
als zu William Gladstones Zeiten, der versuchte, dem Britischen
Parlament Gelder für die Atlantisforschung abzuringen, oder
damals, als Donnelly vorschlug, daß ». . . die Kulturvölker der
Jetztzeit ihren zumeist in zweckloser Müßigkeit das Weltmeer
durchfahrenden Kriegsschiffen einmal eine nützliche Kulturarbeit
zuweisen: Sie sollen sich darum bemühen, ob es nicht möglich
wäre, wenigstens einige der Reliquien dieses untergegangenen
Landes wieder an das Tageslicht zu bringen. Einzelne Teile der
ehemaligen Insel Atlantis liegen ja nur wenige hundert Faden
unter dem Meeresspiegel, und im allernächsten Umkreis der
heutigen Azoren-Inseln würde eine systematische Erforschung
des Meeresbodens gewiß auch einige wertvolle Resultate liefern.
Und wenn man früher von Zeit zu Zeit ganze Expeditionen
ausgesandt hat, um mit enormen Kosten ein paar tausend
Goldstücke auf irgendeinem versunkenen Postdampfer heraus-

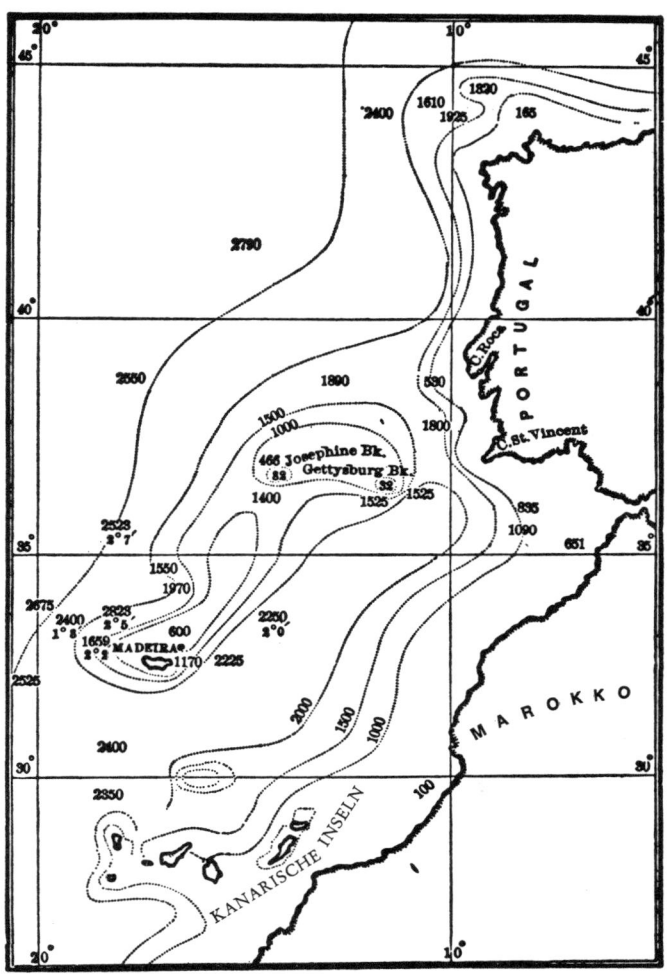

Wassertiefen um die Kanarischen Inseln und Madeira.

zuholen — warum sollte man da den Versuch scheuen, die begrabenen Wunder von Atlantis zu erreichen?«

Durch die neuen Tauchtechniken und Unterwasserfahrzeuge wird uns bereits heute die vollständige Erforschung der Kontinentalsockel möglich gemacht — und genau dort werden wir zweifellos prähistorische Überreste und Hinweise finden, die zu einer endgültigen Lösung des Rätsels um Atlantis führen. Und nicht nur in der Nähe der Azoren, der Kanarischen oder anderen atlantischen Inseln — denn der Bereich der Unterwasserforschung im Atlantik und den an ihn grenzenden Meeren umfaßt all die versunkenen Landmassen, die gar nicht versanken, wie wir nun wissen, sondern von den Wassermassen begraben wurden, die sich beim letzten Abschmelzen der Gletscher in die Meere ergossen. Dieser Bereich erstreckt sich über einen großen Teil des europäischen und amerikanischen Kontinentalsockels wie auch über die Bänke, die die atlantischen Inseln umgeben und von denen manche vielleicht durch den steigenden Meeresspiegel überflutet wurden, vielleicht aber auch durch seismische, von Vulkanen ausgelöste Tätigkeit im Meer versanken.

Diese versunkenen Landmassen umschließen folglich viele Gebiete, in denen man früher Atlantis oder andere versunkene Städte und vielleicht sogar Kontinente vermutete, so die überfluteten Siedlungen vor den Küsten Frankreichs, Spaniens und Irlands, die versunkenen Inseln und Küstenstreifen des Mittelmeerbeckens, die Untiefen vor den Ostseeküsten, die prähistorischen kulturellen Überreste Nord- und Mittelamerikas (einschließlich das »Wiederauftauchen von Atlantis« bei Bimini) und besonders die einstigen Niederungen und Küstenstädte der atlantischen Inseln, die — sollten sie tatsächlich jemals existiert haben — sich jetzt durch die Überflutung oder das Absinken mindestens 200 Meter tief unter Wasser an den ehemaligen Küstenlinien oder Küstenniederungen befinden müßten.

Folglich sollte sich die Suche nach Atlantis über die gesamten atlantischen Küstengebiete und Inseln mit ihren unterseeischen Bänken und Plateaus erstrecken. Es ist jedoch kaum anzunehmen, daß kostspielige Suchexpeditionen entsandt werden — ganz egal, wie wichtig oder wertvoll auch die auf dem Meeresboden ruhenden Überreste und Artefakte sein mögen —, bevor man nicht konkrete Hinweise auf ganz spezifische Punkte in jener anderen Welt hat, die unter dem Meer liegt.

Wir können allerdings hoffen, daß archäologische Funde, die mit dem Kulturkreis von Atlantis zusammenhängen, rein zufällig auf dem Meeresboden dadurch gemacht werden, daß Forscher sich durch die Entwicklung neuer und noch raffinierterer Ausrüstungen und Geräte mit einer Vielzahl von Unterwasseruntersuchungen und Forschungen befassen werden — sei es, daß sie nach gesunkenen Schiffen suchen, so wie nach dem Atom-U-Boot *Scorpion*, das man schließlich 600 Kilometer südwestlich von Santa Maria in den Azoren fand; oder nach Erdöl oder anderen Bodenschätzen auf den Kontinentalsockeln; oder den Meeresboden für Karten vermessen, Unterwasserströmungen erkunden und das Leben der Fische studieren.

Das Meer ist die letzte große Schatzkammer der Erde, und alles, was in ihm versank oder von ihm verschlungen wurde, ruht auch heute noch auf seinem Grund. Wir müssen nur zu ihm in die Tiefe hinunter vordringen und diese Schätze als solche erkennen. Und das ist uns jetzt zum erstenmal in der langen Geschichte, auf die die Suche nach Atlantis zurückblicken kann, möglich. Der Schlüssel zu unserer eigenen Menschheitsvergangenheit liegt möglicherweise auf dem Meeresboden.

Und noch eine letzte Frage: Kann Atlantis gefunden werden? Die nächste Zukunft wird diese Frage beantworten. Ja, es kann und wird gefunden werden — und zwar hauptsächlich durch die Bemühungen von Unterwasserforschern, den psychologischen Nachkommen der Atlantiden — den modernen »Menschen des Meeres«.

13
Wurde Atlantis gefunden?

Seit der Veröffentlichung dieses Buches in den USA (1971) wurden weitere ungewöhnliche Funde und Entdeckungen gemacht, die die Schlußfolgerung nahelegen, daß man in dem östlichen und westlichen Teil des Atlantischen Ozeans sowie in dessen Mitte tatsächliche Bauten aus den Zeiten von Atlantis auf dem Meeresboden entdeckt hat. Erinnern wir uns daran, daß die meisten über Atlantis angestellten Vermutungen sich auf Theorien, Legenden, historische Hinweise aus dem Altertum, dazu passende linguistische und kulturelle Ähnlichkeiten, die anders schwierig zu erklären wären, geologische und zoologische Übereinstimmungen und sogar übersinnliche Visionen und Erkenntnisse sowie ererbte Erinnerungen stützen. Was geschähe — stellen Sie sich das nur einmal vor! —, wenn ein konkreter Beweis für das Vorhandensein von Unterwasserstädten in etwa genau den von Plato genannten und vom Volksglauben seit dem fernen Altertum überlieferten Stellen gefunden würde? Derartige Entdeckungen würden ein völliges Umdenken in historischer Hinsicht erfordern, eine Neubewertung unseres eigenen zivilisatorischen Fortschritts, und in Anbetracht der zwischen Atlantis und unserer modernen Welt liegenden Zeitspanne sogar eine neue Würdigung der Fähigkeiten des von uns allgemein als »primitiv« bezeichneten Menschen. Es ist ebenfalls damit zu rechnen, daß das wissenschaftliche Establishment die Bedeutung derartiger Funde bestreiten und versuchen würde, sie mit dieser oder jener Erklärung abzutun, um — wie Charles Hapgood treffend bemerkte — »der entsetzlichen Alternative versunkener Kontinente« aus dem Wege zu gehen.

Genau das ist bereits geschehen. Als Dr. Manson Valentine 1968 als erster die »Bimini-Straße« entdeckte und untersuchte, jene versunkene Mauer, die auch ein Fundament, eine Straße oder ein Dock sein mag und in einer Tiefe von 6 Faden östlich von Nordbimini verläuft, wurde sofort heftige Kritik laut, die bis heute nicht verstummt ist. Es wurde behauptet, daß diese zyklopischen Blöcke in Wirklichkeit nur Küstenfelsen seien, die zufällig in blockähnlicher Form abgebrochen wären. Dem muß jedoch entgegengehalten werden, daß Küstenfelsen nicht große Blöcke formen, die in einem Muster zusammenpassen, und daß zufällige Felsspaltungen nicht Quader mit rechtwinkelig zueinander verlaufenden Kanten ergeben, noch regelmäßig angelegte Durchgänge zwischen aus solchen Felsblöcken errichteten Abschnitten schaffen, und daß auf dem Meeresboden liegende »natürliche« Küstenfelsblöcke vor allem nicht auf Steinsäulen ruhen, wie es bei diesen zyklopischen Quadern der Fall ist! Jeder, der diese großartige Steinanlage mit eigenen Augen gesehen hat, die sich in einer geraden Linie Tausende von Metern weit in die dunkle violette Ferne erstreckt, bis sie wieder unter dem Sand verschwindet (und später vor anderen Teilen Biminis gleich Befestigungsanlagen einer gigantische Zitadelle wiederauftaucht), für den gibt es keinen Zweifel, daß dies ein von Menschenhand geschaffenes Werk ist. Die Quader weisen außerdem eine andere Zusammensetzung auf als die Küstenfelsen und könnten nach Ansicht Dr. Valentines besonders behandeltes Felsgestein oder sogar Kunststein sein. Linienpiloten und Piloten privater Flugzeuge entdeckten weit draußen im Meer vor Bimini in einer Tiefe von ungefähr 30 Meter senkrechte Mauern und sogar einen großen Torbogen. Ebenso wurden Unterwasserpyramiden oder Pyramidenfundamente in Entfernungen gesichtet, die zwischen mehreren Kilometern vor der Küste und Hunderten von Kilometern auf dem Meer variieren. Etwa 15 Kilometer vor der südlichsten Bucht der Insel Andros wurden große, kreisförmige, unterbrochene Muster aus monolithischen Steinblöcken auf dem Meeresgrund photographiert, von denen einige in doppelten, andere in dreifachen konzentrischen Kreisen angeordnet sind, was den Gedanken an ein amerikanisches »Stonehenge« nahelegt, als das sich diese unterseeische Anlage vielleicht auch nach entsprechend gründlicher Untersuchung erweisen wird. An verschiedenen Stellen auf den Bahama-Bänken entdeckte man Dutzende von ungewöhnlichen architektonischen Überresten, von denen manche nur durch die Bodenvegetation zu erkennen sind, welche die geraden Linien und kreisrunden oder rechteckigen Anlagen nachzeichnet, die in der Natur nicht vorkommen.

Bei den Funden, die von der Meeresoberfläche aus für Taucher leicht zugänglich sind, hat man Datierungsversuche vorgenommen. Während Steine nicht wie organische Materie innerhalb »historischer« Zeiträume datiert werden können, ergaben Untersuchungen von fossilierten Mangrovenwurzeln, die über den Steinen der Bimini-Straße wuchsen, ein Alter von 10 000 bis 12 000 Jahren; und das entspricht nicht nur dem Zeitpunkt, den Plato für die Vernichtung von Atlantis nennt, sondern auch dem allgemein anerkannten geologischen Datum, zu dem die letzten Gletscher abschmolzen.

In der Karibik und den angrenzenden Meeresgebieten wimmelt es geradezu von Unterwasserbauten. Bei klarem und ruhigem Wasser kann man entlang der Küste von Ost-Yucatán und Britisch-Honduras Dämme und Straßen auf dem Meeresboden sehen, die vom Land ausgehen und unter dem Wasser zu Punkten in unergründlichen Tiefen verlaufen. Tiefenmessungen zeigten eine 150 Meter lange Mauer auf dem Meeresboden vor Venezuela. Geologen haben sie als eine natürliche Formation bezeichnet. Begründung: Sie sei »zu groß«, um von Menschenhand errichtet worden zu sein. Mit der gleichen Erklärung tat man auch die Entdeckung einer 15 Kilometer langen Mauer auf dem Grund des Atlantischen Ozeans vor Kap Hatteras ab.

Nördlich von Kuba wurde ein unterseeischer Bautenkomplex, der sich über 40 500 Quadratkilometer erstreckt, entdeckt und — offenkundig mit russischer Unterstützung — untersucht. Die UdSSR hat übrigens ein beträchtliches Interesse an der Atlantisforschung bekundet, das mit neuen Aufklärungsmanövern der sowjetischen U-Boote wahrscheinlich noch wachsen wird . . .

Eine kürzlich von den Sowjets bei den Azoren durchgeführte Untersuchungsserie bestätigte Paul Termiers These über das Tachylyt (jene basaltartige glasige Lava, die sich unter atmosphärischem Druck über Wasser bildet), das 1893 bei dem Bruch des Transatlantikkabels heraufgeholt wurde und die Basis für die Theorie lieferte, nach der große Gebiete um die Azoren vor 15 000 Jahren über dem Meeresspiegel lagen.

Die meisten im westlichen Atlantik und der Karibik gemachten Funde wurden auf dem Kontinentalsockel in verhältnismäßig geringer Wassertiefe, das heißt in 10 bis 50, manchmal bis zu 70 Meter Tiefe entdeckt. In den Jahren zwischen 1965 und 1969 häuften sich die Entdeckungen, die somit in die von Cayce prophezeite Periode fallen, die er für das Wiederauftauchen von Atlantis voraussagte. Der Hauptgrund dafür, warum diese unterseeischen Bauten nicht eher entdeckt wurden, ist — abgesehen davon, daß die Meeresoberfläche nur sehr selten vollkommen glatt ist und heute bedeutend mehr Flugzeuge diese Gebiete überfliegen und Taucher das Meer erforschen — darin zu erblicken, daß Archäologen gar nicht auf den Gedanken kamen, vor den amerikanischen Küsten nach prähistorischen unterseeischen Ruinen zu suchen.

Es gibt natürlich Hinweise dafür, daß sogar noch beeindruckendere Ruinen und Artefakte in größeren Tiefen liegen. Bei einer von der französischen Marine vor der nördlichen Küste Puerto Ricos unternommenen Tauchserie mit der *Archimède* wurden Treppen entdeckt, die in einer viel größeren Tiefe als die der anderen Funde in den Steilabfall des Kontinentalsockels vor Andros geschlagen waren. Und obwohl wir nicht wissen, wer diese Stufen in den Felsen schlug oder diese Anlage erbaute, steht eines fest: Sie wurden nicht u n t e r Wasser geschaffen!

Es mag — oder auch nicht! — ein höchst ungewöhnlicher Zufall sein, daß diese prähistorischen Überreste innerhalb des vieldiskutierten Bermuda-Dreiecks liegen, in jenem Meeresgebiet zwischen Bermuda, Ostflorida und Puerto Rico (40 Grad westlicher Länge), in dem während der letzten dreißig Jahre (und vielleicht schon seit vielen Jahrzehnten) Hunderte von Flugzeugen, großen Schiffen und kleinen Booten mit ihren gesamten Besatzungen spurlos verschwanden. Einige der vor diesem Verschwinden gemeldeten Phänomene beinhalten das Ausfallen (bzw. »Kreiseln«) der Kompasse, der Funkverbindung und der Radargeräte sowie falsches Funktionieren der Instrumente, Feuerschein und Störungen in den elektrischen Anlagen.

Eine der Hypothesen, mit denen man diese im elektromagnetischen Feld auftretenden Anomalien zu erklären versuchte, lautet, daß eine entwickelte atlantische Kultur Laserenergiequellen besaß — riesige Kristalle, von denen einer oder vielleicht sogar mehrere noch funktionieren und jetzt auf dem Boden tiefer Gräben wie der »Tongue of Ocean«, einem berüchtigt gefährlichen Gebiet zwischen Andros und der Exuma-Kette, liegen. Edgar Cayce berichtete während seiner Tranceaussagen, daß die Atlantiden in der Tat eine solche Energieart besaßen. Er beschrieb mehrere Jahrzehnte v o r der Entdeckung des Lasers in allen Einzelheiten Operationen mit diesem Lichtstrahl.

Falls wir tatsächlich annehmen, überflutete Teile von Atlantis in der Nähe der Bahamas und der Karibischen Inseln entdeckt zu haben, was wird dann aus Platos Atlantis in der Mitte des Ozeans? Nun, die Entdeckungen in den Bahamas würden auch in diesem Fall nichts an der Gültigkeit von Platos Bericht ändern. Erinnern wir uns an das, was er dazu sagte: ». . . Es lag nämlich vor der Mündung, die bei euch ›Säulen des Herakles‹ heißt, eine Insel, größer als Asien und Libyen zusammen, und von ihr konnte man damals noch nach den anderen Inseln hinüberfahren und von den Inseln auf das ganze gegenüberliegende Festland, das jenes in Wahrheit so heißende Meer umschließt. Erscheint doch alles, was innerhalb der genannten Mündung liegt, nur wie eine Bucht mit engem Eingang; jener Ozean heißt aber durchaus mit Recht also und das Land an seinen Ufern mit dem gleichen Recht ein Festland.«

Wir müssen zugeben, daß ein höchst wesentlicher Teil seines Berichts durch die Entdeckung Amerikas einen ganz konkreten, wenn auch nicht auf wissenschaftliche Weise erbrachten Beweis erfuhr; der Beweis für den übrigen Rest folgt vielleicht bald.

Seit langem werden in der Umgebung der Azoren von Flugzeugen aus unterseeische Bauten und ganze Stadtanlagen gesichtet. Zum erstenmal geschah das 1942, als Linienpiloten auf ihren Flügen von Brasilien nach Dakar auf dem westlichen Abhang von Gebirgen des Mittelatlantischen Rückens, von denen die Azoren die höchsten Gipfel darstellen, eine Anlage entdeckten, die eine überflutete Stadt zu sein schien und eben die Wasseroberfläche durchbrach. Zu solchen zufälligen Entdeckungen kommt es, wenn durch eine glatte Meeresoberfläche und bestimmte Lichtverhältnisse optimale Sichtmöglichkeiten entstehen. Andere überflutete architektonische Überreste, die sich vielleicht im Zentrum des ehemaligen atlantischen Inselreichs befanden, wurden aus der Luft vor der Insel Boa Vista, die zu den Kapverdischen Inseln gehört, und vor Fayal in den Azoren entdeckt, während die ersten spanischen Eroberer der Kanarischen Inseln nicht überflutete Überreste von Gebäuden und Städten fanden. (Man erinnere sich daran, daß die Guanchen, die Sagen von einer hochentwickelten, im Meer versunkenen Zivilisation bewahrt hatten, nur noch imstande waren, die einfachsten Hütten zu bauen.)

Entlang den gesamten Kontinentalsockeln und Küstenniederungen des Atlantiks beginnen wir Spuren dessen zu finden, was die Überreste von Atlantis oder jener Menschen sein mögen, welche die Katastrophe überlebten. Es ist jetzt auch offenkundig, daß die Flut, die Atlantis unter sich begrub, und die seismischen Kräfte, welche die Erdkruste veränderten, keine lokalen, sondern globale Erscheinungen waren.

In den Küstengebieten Irlands, Frankreichs, Spaniens und Portugals sowie auf den Nordafrika vorgelagerten Inseln erzählen Sagen und Legenden von verlorenen Häfen und versunkenen Städten, während tatsächlich vorhandene Straßen und Mauern unter dem Wasser in den Atlantik hinausführen. Es gibt zwei Arten von Unterwasserüberresten im Mittelmeer: Bauten, die im Laufe der geschichtlich erfaßten Zeit (2500 Jahre) durchschnittlich nicht mehr als 30 Zentimeter pro Jahrhundert im flachen Wasser versanken, und eine andere, viel tiefer liegende

Schicht, die 10 000 Jahre und mehr alt ist und deren Entstehung damit in eine Zeit weit vor der uns überlieferten Geschichte des alten Ägyptens, Griechenlands und Roms weist.

Beweise für diese andere, tiefere Schicht und bedeutend ältere Kultur, die vielleicht von zivilisierten Völkern zu einer Zeit ererbt wurde, als das Mittelmeer ein Seengebiet war, wurden kürzlich von Scuba-Tauchern gefunden. Vor der marokkanischen Küste entdeckte ein Taucher, der einen Fisch verfolgte, eine 14 Kilometer lange Mauer. Als Dr. J. Thorne 40 Meter unter der Wasseroberfläche Ruinen auf einem unterseeischen Berg untersuchte, bemerkte er »Straßen«, die den Berg weiter hinunter in die violette Dunkelheit unbekannter Tiefen führten. Jacques Mayol, ein französischer Taucher, hat eine Sandbank, die genau 7,5 Kilometer südlich von Marseille liegt, näher untersucht. Sie verläuft in einer Tiefe von 20 bis 40 Meter, weist senkrechte Schächte und Gänge auf sowie Haufen von Schlacke, die vor den Schachtausgängen liegen — also ein von Menschen angelegtes und betriebenes Bergwerk aus einer Zeit der Menschheitsgeschichte, die mit der Cromagnonperiode zusammenfällt.

Mit anderen Worten: Viele atlantische Bauwerke und zahllose Artefakte liegen heute unter dem Meer in Gebieten, die Küstenniederungen oder Täler waren, bevor der Meeresspiegel auf der ganzen Erde anstieg. D. H. Lawrence gibt ein anschauliches Bild von jener früheren Welt in seinem Buch *Die gefiederte Schlange*. Er beschreibt darin eine Zeit, als »die Wasser der Welt sich in gigantischen Gletschern ... hoch, hoch auf den Polen auftürmten ... die großen Ebenen wie Atlantis und der versunkene polynesische Kontinent sich weit in die Ozeane hinaus erstreckten, so daß die Meere nichts anderes waren als große Seen, und die sanften, dunkeläugigen Menschen jener Welt um die Erde wandern konnten ...«

Überreste atlantischer Kultur sind vielleicht noch an ganz unerwarteten Punkten auf dem Festland vorhanden und warten nur darauf, als solche erkannt zu werden. Die gewaltigen Steinmauern auf den Berggipfeln Perus (deren Steinblöcke so eng aneinandergepaßt waren, daß sie wie zusammengeschweißt aussahen) waren sowohl für die spanischen Konquistadoren wie für die Inkas selbst ein Rätsel. Tiahuanaco, jene unglaublich alte Stadt in den bolivianischen Anden, wurde anscheinend in einer derart frühen Menschheitsepoche erbaut, daß die Bewohner ihre Tongefäße ganz spontan mit Darstellungen prähistorischer Tiere verzierten. Die gigantischen, in einer Höhe von 4500 Meter über dem Meeresspiegel errichteten Bauten mit 3,3 Meter dicken Mauern und 200 Tonnen schweren Fundamentblöcken wurden mit einer solchen Präzision und einem derartigen physikalischen und astronomischen Wissen erbaut, daß viele Forscher überzeugt sind, daß die Erbauer nicht von dieser Erde stammen konnten, sondern von irgendwo anders herkamen.

Geologische Entdeckungen wie die der Salzlinien in den Anden, der früheren Getreidefelder unter dem ewigen Schnee auf den umliegenden Bergen und der Meeresmuscheln an den Ufern des nahen Titicacasees legen die Schlußfolgerung nahe, daß Tiahuanaco keine Bergfestung war, sondern vielmehr ein Seehafen, der irgendwann in der fernen Vergangenheit (Posansky, ein auf dieses Gebiet spezialisierter Archäologe, errechnete einen 15 000 Jahre zurückliegenden Zeitpunkt) während der vulkanischen Auffaltungen, die das Abschmelzen der Gletscher begleiteten, zu seiner jetzigen Höhe emporgeschoben wurde. Bei dieser Auffaltung mögen andere Städte in Südamerika in die Tiefen des Ozeans hinuntergedrückt worden sein. Ein eindrucksvolles Beispiel dafür wurde durch Photographien erbracht, die Dr. Robert Menzies, damals noch an der Duke University, 1965 von dem Forschungsschiff *Anton Bruun* vor der peruanischen Küste auf dem Boden der Milne-Edwards-Tiefe machte.

Sonar-Aufnahmen, die in diesem Gebiet vorgenommen wurden, ließen ungewöhnliche Formen auf dem Meeresgrund erkennen, der ansonsten ein Schlammboden zu sein schien. Photographien aus einer Tiefe von 2000 Meter zeigten Formationen, die anscheinend aufrechte massive Pfeiler und Mauern waren und von denen einige Inschriften zu tragen schienen. Bei den Versuchen, weitere Aufnahmen von dieser ungewöhnlichen Formation herzustellen, schoß die Tiefseespezialkamera, obwohl ihre

Position von Unterwasserströmungen verändert wurde, Bilder von anscheinend künstlich bearbeiteten, verstreut auf der Seite herumliegenden Felsen, von denen manche sich in Haufen auftürmten, als seien sie, vielleicht zu der Zeit, als diese geheimnisvolle Stadt über zwei Kilometer tief in das Meer stürzte, übereinandergekippt. Während dies gegenwärtig die tiefste Stelle ist, an der man vermutliche Ruinen auf dem Meeresboden entdeckt hat, werden künftige Tiefseeforschungen in gleichen und sogar noch größeren Tiefen wahrscheinlich — und vielleicht schon verhältnismäßig bald — den endgültigen Beweis für eine weltweite frühe Kultur finden, deren einst blühende Städte jetzt unter den Weltmeeren begraben liegen.

Erst durch die kürzlich entwickelten neuen Techniken und Ausrüstungen — und das sowohl was die Datierung wie die Tiefseeforschung betrifft — hat die Entdeckung von Atlantis oder dessen, was wir als das atlantische Imperium bezeichnen können, begonnen. Ob diese Aussicht nun den akademisch orientierten Historikern und dem wissenschaftlichen Establishment paßt oder nicht — die fortschreitende Erforschung der Meere erbringt bisher fehlende Stücke eines Puzzles — oder besser: eines Mosaiks —, das sich bald zu einem nicht mehr zu ignorierenden oder zu leugnenden Bild schließen wird, auch auf die Gefahr hin, daß angenehm vertraute Tabellen und Vorstellungen über vergangene Zeiten und Kulturen revidiert werden müssen.

Platos Bericht über das, was die ägyptischen Priester Solon in Saïs erzählten, hat für uns die gleiche Gültigkeit wie für seine damaligen Leser. (Und wir müssen uns vergegenwärtigen, daß die alten Griechen der Antike sich nicht als »alt« oder »antik« empfanden, sondern sich für genauso modern hielten, wie wir es heutzutage tun!)

Wie Plato berichtete, sagte einer der Priester, ein sehr betagter Mann, zu Solon: »... Ihr Hellenen seid und bleibt Kinder, und einen alten Hellenen gibt es nicht ... Jung seid ihr alle an Geist, denn in euren Köpfen ist keine Anschauung aus alter Überlieferung und kein mit der Zeit ergrautes Wissen. Daran ist

Folgendes schuld. Oft und auf vielerlei Arten sind die Menschen zugrunde gegangen und werden sie zugrunde gehen . . .«

Dieses Wissen, das den Menschen der Antike ganz geläufig war, teilen wir, ihre Nachkommen, auch heute noch. Es ist bewußt oder unbewußt in Legenden, Sagen und ererbten völkischen Erinnerungen bewahrt worden und erhält in der heutigen Zeit durch die ständig sich häufenden Entdeckungen neues Gewicht. Es gab tatsächlich menschliche Kulturen vor unserer eigenen »Zeitrechnung«, welche die Epoche von 3500 v. Chr. bis heute umfaßt. Und eine dieser Kulturen, die zweifellos unserem »Altertum« unmittelbar voranging, war jene, die wir »Atlantis« nennen. Ihr Name allein, so geheimnisvoll er auch ist, hat ein nie verhallendes Echo in der Geschichte unserer Welt und über den Weiten des Ozeans hinterlassen, der durch seinen Namen mit dieser Kultur — mit Atlantis — verbunden ist.

Der Autor möchte seinen tiefsten Dank den folgenden Personen und Organisationen aussprechen, die ihm Bilder und Informationen zur Verfügung stellten und ihm durch konstruktive Kritik und in sonstiger Weise bei den Vorbereitungen für dieses Buch halfen. Dieser Dank beinhaltet von seiten der angeführten Personen weder Zustimmung noch Ablehnung der Theorien des Autors. In alphabetischer Reihenfolge:

J. Trigg Adams, Präsident der Amerikanischen Archäologischen Meeresforschungsgesellschaft
Familie Bennicasa, Nachkommen des gleichnamigen Kartographen aus dem 15. Jahrhundert
José Maria Bensaúde, Direktor der Agencia Maritima »Ocidente«, Portugal und Azoren
Valerie Berlitz, Künstlerin und Schriftstellerin
Oberstleutnant Norman Bonter, Schriftsteller und Forscher
Bob Brush, Pilot, Taucher und Photograph
Comisão Regional de Turismo dos Açores
Natalie Derujinsky, Photographin
Sara D. Donnelly, Nachkommin (5. Generation) von Ignatius Donnelly
George Demetrios Frangos, Historiker
Charles Hughes, Linguist, Philologe
The Hispanic Society of America
Adelaide de Mesnil, Archäologin, Photographin
Jacques Mayol, Taucher, Forscher
Kenneth G. Peters, Historiker
Jim Richardson, Taucher, Pilot, Forscher
Howard van Smith, Schriftsteller, Journalist, Lektor
Robert E. Silverberg, Historiker, Schriftsteller
Gardner Soule, Ozeanograph, Schriftsteller

Jim Thorne, Schriftsteller, Archäologe, Forscher, Taucher
Carl Payne Tobey, Astrologe, Schriftsteller
Dr. Manson Valentine, Archäologe, Forscher, Schriftsteller
Krishna Vempati, Schriftsteller, Forscher

Bibliographie

Aristoteles, Von der Welt. Leipzig 1829

Babcock, William H., *Legendary Island of the Atlantic*. New York 1924

Bacon, Francis, *Nova Atlantis*. London 1638

Bailly, Jean Silvain, *Lettres sur l'Atlantide de Platon et l'ancienne histoire de l'Asie*. London 1779

Bellamy, H. S., *Built Before the Flood*. London 1947

Berlioux, Etienne-Felix, *Les Atlantes*. Paris 1883

Borchardt, Paul, Platos Insel Atlantis. Berlin 1927

Braghine, A., *The Shadows of Atlantis*. New York 1940

dt.: Atlantis. Stuttgart 1946

Bramwell, James, *Lost Atlantis*. London 1938

Brasseur de Bourbourg, Charles-Etienne, *Manuscrit Troano*. Paris 1889

Camp, Sprague de, *Lost Continents*. New York 1954

dt.: Versunkene Kontinente. München 1975

Cayce, Edgar, *Earth Changes*. Virginia Beach 1959

Churchward, James, *The Children of Mu*. New York 1945

Dévigne, Roger, *Un Continent Disparu*. Paris 1924

Diringer, David, *The Alphabet*. New York 1948

Donn, Farrand und Ewing, *Pleistocene Ice Volumes and Sea Level Lowering*. »Journal of Geology« 1962

Donnelly, Ignatius, *Atlantis — Myths of the Antediluvian World*. London 1882

dt.: Atlantis, die vorsintflutliche Welt. Leipzig

Foëx, Jean Albert, *Histoire Sous-Marine des Hommes*. Paris 1964

dt.: Der Unterwassermensch. Stuttgart 1966

Frobenius, Leo, Die atlantische Götterlehre. Jena 1926

233

Gidon, F., *L'Atlantide*. Paris 1949
Gómara, López de, *Historia general de las Indias* (Allgemeine Geschichte der Indien). 1552
Hennig, Richard, Von rätselhaften Ländern. München 1925
Hosea, L. M., *Atlantis*. Cincinnati 1875
Hutan, Serge, *Hommes et Civilisations Fantastiques*. Paris 1970
Karst, Joseph, Atlantis und der libysch-äthiopische Kulturkreis. Heidelberg 1931
Kircher, Athanasius, *Mundus subterraneus*. 1665
Las Casas, Bartolomé de, *Historia de las Indias* (Geschichte der Indien). 1527
Léon de la Bara, Luis, *El Misterio de la Atlántida*. Mexiko 1946
Léon-Portilla, Miguel, *The Broken Spears*. Boston 1962
Le Plongeon, Augustus, *Queen Moo and the Egyptian Sphinx*. London 1896
— *Sacred Mysteries Among the Mayas and the Quichas 11 500 Years ago*. New York 1886
Marinatos, Spyridon, Kreta und das mykenische Hellas. München 1959
Mavor, James, *Voyage to Atlantis*. New York 1969
dt.: Reise nach Atlantis. Wien 1969
Mereschkowski, Dimitri, Das Geheimnis des Westens — Atlantis — Europa. Leipzig 1929
Merril, Emery und Rubin, *Ancient Oyster Shells on the Atlantic Continental Shelf*. »Science« 1965
Morales, E., *La Atlántida*. Buenos Aires 1940
Moreaux, Th., *L'Atlantide a-t-elle existe?* Paris 1924
Oviedo, Fernández de, *Historia general y natural de las Indias* (Allgemeine und Natürliche Geschichte der Indien). 1535 bis 1552
Plato, Timaios/Kritias. Jena 1909
Price, Derek de S., *An Ancient Greek Computer*. »Scientific American« 1959
Rackl, Hans-Wolf, Tauchfahrt in die Vergangenheit. Wien 1964
Redslob, Gustav, Tartessos. Hamburg 1849
Saurat, Dennis, *L'Atlantide*. Paris 1954

Schliemann, Paul, *How I Found the Lost Atlantis*. New York 1912

Schulten, Adolf, Atlantis. Berlin 1930

— Tartessos. Hamburg 1922

Scott Elliot, W., *The Story of Atlantis*. New York 1882

Sheperd, F. B., *35 000 Years of Sea Level*. Los Angeles 1963

Spanuth, Jürgen, Das enträtselte Atlantis. Stuttgart 1953

Spence, Lewis, *Atlantis in America*. New York 1925

— *The Problem of Atlantis*. New York 1925

Steiner, Rudolf, Unsere atlantischen Vorfahren. Berlin 1928

Talbot, L., *Les Paladins du Monde Occidental*. Tanger 1965

Termier, Pierre, *L'Atlantide*, Monaco 1913

Thévenin, René, *Les Pays Légendaires*. Paris 1946

Trench, Brindley Le Poer, *Secrets of the Ages*. London 1974

Vaillent, George C., *The Aztecs of Mexico*. New York 1941

St. Vincent, Bory de, *Essai sur les Iles Fortunées et L'Antique Atlantide*. Paris 1803

Vivante, A. und Imbelloni, J., *Libro de Las Atlántidas*. Buenos Aires 1939

Wegener, Alfred Lothar, Die Entstehung der Kontinente und Ozeane. 1915

Wishaw, E. M., *Atlantis in Andalusia*

Zschätsch, Carl, Atlantis, die Urheimat der Arier. Berlin 1922